新 道
なぜなぜ おもしろ読本

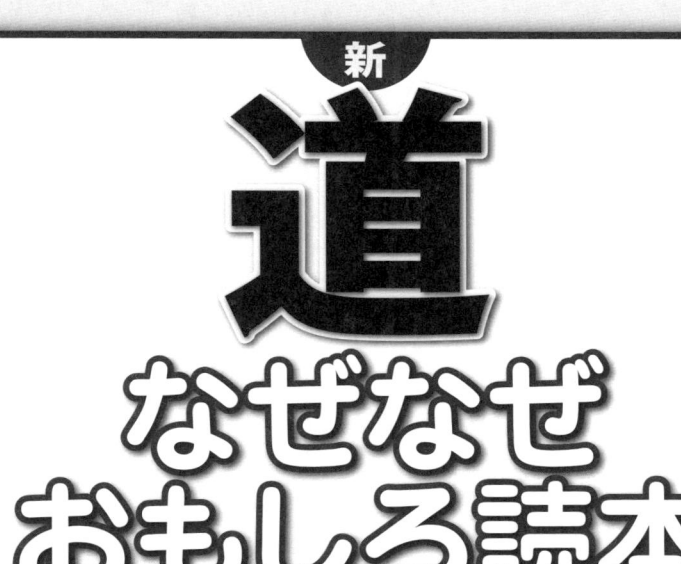

株式会社 建設技術研究所 編著

NANO
Optonics Energy

はじめに

道ってなんだろう？

　家を出ると、そこには道があります。私たちは、その上を歩き、自転車で走り、ドライブしたり、ときにはそこで遊んだり、立ち止まってしゃべったりもします。

　下町の路地、大都会の街路、列島を縦横に走る高速道路、海峡をつなぐトンネルや架け橋など、もともとは、人が踏み固めたところからはじまった道ですが、今では、いろいろな種類があって、それぞれが私たちのくらしや経済活動に欠かせないものとなっています。

　「向こう三軒両隣り」という言葉を知っていますか。向こう三軒とは、道をはさんだ向かい側の家を指していて、地域社会の最小単位ともいえる近所のことです。この言葉から、むかしから道が地域社会の中核になっていることがわかります。道は人々のくらしや地域社会を支え、その上を多くの人、もの、情報が行き交うことによって、歴史が進み、文化が育まれてきました。

　わが国の歴史の中では長い間徒歩による移動が中心で、現在、道路を当たり前のように走っている自動車は、今からおよそ100年前の明治30年代前半にはじめて輸入され、本格的な普及は戦後になってからのことです。

　昭和31（1956）年、名神高速道路建設の調査のため来日したワトキンスは、「日本の道路は信じがたいほど悪い。工業国にしてこれほど完全にその道路網を無視してきた国は日本のほかにない」と評したほどです。

　自動車の急激な増加に道路整備が追いつかず、交通渋滞はもちろんのこと、雨が降ればわだちぼれやぬかるみの中で車が動けなくなる光景があちこちで見られるなど、悲惨な道路事情だったようです。

人の移動の2割、ものの移動の1割程度しか道路を利用していなかった頃のはなしです。

　その後、車はふえ続け、道路整備も飛躍的に進み今では、なんと約7500万台の車が道路を利用しています。

　さすがに「ぬかるみ」は見られなくなりましたが、都市部や観光地などでの交通渋滞は解消できていないところがたくさんあります。帰省シーズンでの数十kmに及ぶ高速道路の大渋滞のニュースがなくなる日がくるのはまだまだ先のようです。

　それでも、道路の整備が進んだことで通勤や通学がしやすくなり、買い物やレクリエーション・旅行などの日常生活の範囲が広がりました。輸送時間の短縮で、いろいろな地域の生鮮食料品や日用品などが手に入れやすくなりました。宅配便が翌日には届けられるようになりました。救急車や消防車もすばやく駆けつけられるようになりました。物資の移動がスムースになり、全国各地でいろいろな産業が発展するようになりました。地域間の交流や連携がしやすくなり、都市と地方の均衡のとれたまちづくり、地域づくりが進められるようになりました。

　道は、長い歴史の中でまちや地域を区画し、まち並みをつくり、都市の形をつくってきています。現在でも、新しい道路ができると、その沿道には次々と商業施設や住宅などができます。道路によってまちは良くもなり、住みにくくもなったりします。

　道はまた、人々が集い、憩うための活動空間としても利用されています。路地は近所のコミュニティづくりの場所として、大通りはまちのシンボルになったりお祭りやイベントなどにも利用され、人々の出会いや触れ合い、ときには別れの場所にもなっています。

　そして、火事や地震などの災害が起きると救急・消防活動や避難路、緊急輸送路として、また、災害が拡大するのを防ぐための防災空間としての役割をもっています。

　阪神・淡路大震災でも道路が火災の延焼を防ぐのに役に立ったことは記

憶に新しいことです。

　さらに、道路の地下は私たちの生活に欠かせない水道・下水・ガス・電線などの通り道としての役割もあります。大都市では、地下鉄も通っています。

　このほかにも、道路は通風、採光、修景などを確保するための空間としての役割もあります。

　このように、道路は私たちの生活の中でなくてはならない社会生活の基盤そのものであり、身近にありすぎてまるで空気のような存在ともいえるのではないでしょうか。

　前述のワトキンスは、調査から14年後の昭和44（1969）年5月、東名高速道路の開通式に招待されて、「かくも短期間に道路の建設を成し遂げた

国は世界にない」と述べています。ワトキンスが、今の日本の道路を見ればなんというでしょう、想像してみると楽しくありませんか。
　日本人は駆け足の民族といわれます。明治維新後しかり、戦後しかりです。
　道路建設でも最初の高速道路の建設から40年後には明石海峡大橋という世界最長の橋を建設しています。その間、道路建設に携わってきた多くの人々の情熱と努力により技術も進歩してきました。道づくりも現在は変革の時代といわれています。欧米先進諸国に追いつくことを目標に整備を進めてきたこの50年を振り返れば、いつも変革が求められてきたはずです。
　これまでの道を振り返ることで、新しい道の姿が見えてくるかもしれません。

目　次

はじめに：道ってなんだろう？……………………………………………… i

1
道のおいたち

- 1-1　道路（道）はいつ頃からできたのですか？……………………………2
- 1-2　むかしの日本の道路にはどんなものがあるのですか？………………4
- 1-3　むかしの海外の道路にはどんなものがあるのですか？………………6
- 1-4　江戸時代の道路はどのようなものだったのですか？…………………8
- 1-5　江戸時代の街道などの交通政策はどのようなものだったのですか？……………………………………………………………………10
- 1-6　明治時代に入ると道づくりはどのように変わったのですか？………12
- 1-7　高速道路はいつ頃からつくられてきたのですか？……………………14
- 1-8　道路についての法律はいつ頃からあるのですか？……………………16
- 1-9　道路を舗装するようになったのはいつ頃からですか？………………18
- 1-10　道路に並木を植えるようになったのはいつ頃からですか？…………20
- 1-11　過去の大火災や震災は、道づくりにどのような影響を与えてきたのですか？……………………………………………………………22
- 1-12　むかしの人は何を頼りに道を利用していたのですか？………………24
- 1-13　むかしの人はどのように道を利用していたのですか？………………26
- 1-14　むかしの人は道のことをどのように考えていたのですか？…………28

2
道のいろいろ

- 2-1 「道」という字の由来や意味はなんですか? ……………………32
- 2-2 道路の種類には、どのようなものがあるのですか? …………34
- 2-3 道路の「起点・終点」はどのようになっているのですか? ………36
- 2-4 道の名前はどのようにしてつけるのですか? …………………38
- 2-5 「通り名」はどうやってつけるのですか? ………………………40
- 2-6 「バイパス」とはなんですか? ……………………………………42
- 2-7 「高規格幹線道路」や「地域高規格道路」とはどのような道路ですか? ……………………………………………………44
- 2-8 「シンボルロード」と呼ばれるものはなんですか? ……………46
- 2-9 「日本風景街道」とはなんですか? ………………………………48
- 2-10 国道でも車が通れない区間があるのですか? …………………50
- 2-11 「道の駅」とはなんですか? ………………………………………52
- 2-12 「標識」にはどんなものがあるのですか? ……………………54

3
道路をつくる、環境を考える

- 3-1 道路はどのような手順でつくるのですか? ……………………58
- 3-2 道路をつくり管理するのに必要な財源はどうしているのですか? ……60
- 3-3 道路を整備することによる効果は、どのようなものがあるのですか? ……………………………………………………62

3-4 将来の交通量はどのように推計するのですか？……………………64
3-5 道路をつくるとき自然や環境のことはどのように考えている
    のですか？……………………………………………………………66
3-6 道路をつくるとき、周りの景色のことはどのように考えている
    のですか？……………………………………………………………68
3-7 道路の幅や車線数はどのようにして決めるのですか？……………70
3-8 道路をつくるときの速度や制限速度はどのようにして決める
    のですか？……………………………………………………………72
3-9 道路の路線位置（ルート）はどのようにして決めるのですか？……74
3-10 道路をつくるときに私たちの意見を取り入れてもらえる
     のですか？…………………………………………………………76
3-11 道路はどのような構造からできているのですか？…………………78
3-12 橋のかたちはどのようにして決めているのですか？………………80
3-13 高速道路のインターチェンジの場所はどのようにして決める
     のですか？…………………………………………………………82
3-14 歩行者のための道路はどんな工夫をしているのですか？…………84
3-15 日本の道路は完成したのですか？……………………………………86

4
道路を守る、環境を守る

4-1 道路の維持や管理はどうしているのですか？………………………90
4-2 老朽化する道路は今後どのようになるのですか？…………………92
4-3 道路の災害にはどんなものがあるのですか？………………………94

4-4　今後、阪神・淡路大震災クラスの地震が起きても道路は大丈夫
　　　ですか？ ……………………………………………………………96
4-5　落石や崖崩れなどから道路を守るためにどんな工夫をしている
　　　のですか？ ……………………………………………………………98
4-6　雪の多い地方ではどんな工夫をしているのですか？ ……………100
4-7　海岸沿いでは道路にどんな工夫をしているのですか？ …………102
4-8　道路を走る車には大きさや重さの制限があるのですか？ ………104
4-9　大雨や地震などによる道路の通行規制はどのようにして決める
　　　のですか？ …………………………………………………………106
4-10　悪天候などでも車が安全に走るためにどう工夫していますか？…108
4-11　道路や交通の監視はどのように行われているのですか？ ………110
4-12　交通事故を防ぐためにどんな工夫をしているのですか？ ………112
4-13　地球が温暖化していると聞いていますが、道路と関係がある
　　　のですか？ …………………………………………………………114
4-14　トンネルの中の汚れた空気に対しどういう工夫をしていますか？…116
4-15　車が出す騒音や振動などに対し道路ではどんな対策をしている
　　　のですか？ …………………………………………………………118
4-16　生活環境に配慮した道路の事例にどんなものがありますか？……120

5
道路を利用する、道をいかす

5-1　交通渋滞はどうして起きるのですか？ ……………………………124
5-2　交通渋滞の対策にはどのようなものがあるのですか？ …………126

5-3　カーナビゲーションはこれからどのようなものになっていくのですか？ ……………………………………………………………… 128
5-4　「スマートウエイ」や「スマートカー」ってなんですか？ ………… 130
5-5　電気自動車が普及すると道路はどのようになっていくのですか？ … 132
5-6　道路や交通に関するさまざまな調査について教えてください。 … 134
5-7　高速道路の有効活用とはどのようなものですか？ …………………… 136
5-8　最近、サービスエリアが充実していますが、どうしてですか？ … 138
5-9　宅配便のコンテナを貨物列車で運んでいましたが、どうしてですか？ ……………………………………………………………… 140
5-10　道路を自由に使っていいのですか？ ……………………………… 142
5-11　高齢者や体の不自由な人のためにどんな工夫をしているのですか？ ……………………………………………………………… 144
5-12　自転車はどこを走ればよいのでしょうか？ ……………………… 146
5-13　バスや路面電車を便利にするためにどんな工夫がされていますか？ ………………………………………………………………… 148
5-14　ものを円滑に運ぶ工夫にはどんなものがあるのですか？ ………… 150
5-15　道路の地下はどうなっているのですか？ ………………………… 152
5-16　車両によって通れなくなる道路があるのはなぜですか？ ……… 154
5-17　開かずの踏切とはどんな道なのですか？ ………………………… 156

6
道の夢

6-1　道のロマンが詠まれた詩歌にはどんなものがあるのですか？ …… 160

6-2　道と深いかかわりのある歴史上の人物を教えてください。………164
6-3　夢の道と呼ぶにふさわしいむかしの道のはなしをしてください。
　　①古の人々の曙の道―わが国最古の道「山の辺の道」、
　　巡礼の道「熊野古道」………………………………………168
6-4　夢の道と呼ぶにふさわしいむかしの道のはなしをしてください。
　　②古の人々の曙の道―東西文化交流の大動脈「絹の道
　　（シルクロード）」……………………………………………172
6-5　夢の道と呼ぶにふさわしいむかしの道のはなしをしてください。
　　③夢とロマンの旅街道「東海道」……………………………174
6-6　夢の道と呼ぶにふさわしいむかしの道のはなしをしてください。
　　④市井の人情あふれる「江戸のまちとみち」………………178
6-7　夢の道と呼ぶにふさわしいむかしの道のはなしをしてください。
　　⑤恩讐の彼方に「青の洞門」…………………………………182
6-8　夢の道と呼ぶにふさわしい近代や現代の道のはなしをしてください。
　　①滑走路と間違われた道路づくり「御堂筋」………………184
6-9　夢の道と呼ぶにふさわしい近代や現代の道のはなしをしてください。
　　②海底をつないだ夢のトンネル「関門トンネル」…………188
6-10　夢の道と呼ぶにふさわしい近代や現代の道のはなしをしてください。
　　③日本で最初の高速道路「名神高速道路」…………………192
6-11　夢の道と呼ぶにふさわしい近代や現代の道のはなしをしてください。
　　④夢の架橋「明石海峡大橋」…………………………………196
6-12　夢の道と呼ぶにふさわしい近代や現代の道のはなしをしてください。
　　⑤アジア地域を結ぶ「アジアハイウエイ構想」……………200

　　　　参　考　文　献……………………………………202

道のおいたち

　はじめは人が歩いて踏み固めてできた道。やがて人々のくらしの輪が広がり、地域社会を形成し、人・もの・情報の交流を支え、数え切れない出会いと別れの舞台にもなってきた道。ときに動乱の時代には軍事優先にゆがめられもした道。道のおいたちは、とりもなおさず人類の歴史そのものでもあります。新しい時代に向けての道づくりが問われている今、道の進化してきた経緯を見つめることで、新しい発見があるかもしれません。ここでは、その手がかりとなる問いを用意してみました。

1-1 道路（道）はいつ頃からできたのですか？

　日本では元来、通路を意味する言葉は「みち」でした。「道路」は3世紀前半に中国から輸入された外来語です。

　道は、人が定住するところに形づくられます。たとえば10万年前の旧石器時代には、数十キロ離れた地点で石器をやりとり（生産地と消費地の関係）した交流の事実が認められています。

　縄文時代（紀元前1万年～紀元前400年頃）には明らかに道は存在しており、青森県の三内丸山遺跡などから土留杭で補強された幅数メートルの道路が発見され考古学的にも実証されています。

　『魏志倭人伝』に中国の使者が見た紀元3世紀の日本の道路の様子が次のように示されています。

　「土地は山険しく深林多く、道路は禽鹿のこみちの如し」あるいは「草木茂盛し、行くに前人を見ず」

　すでに、皇帝専用の馬車道が全国に張り巡らされていた当時の中国の道路と比較すると、日本の道がけもの道と同様に見えたのでしょう。『魏志倭人伝』には、使者が九州北部から女王卑弥呼のいる邪馬台国まで「伝送」する制度（外国からの文書や賜り物を沿道の小諸国で次々とリレーしながら届けた制度）があったことも記録されています。

　また、『日本書紀』には神武天皇が、皇紀前3（紀元前663）年河内から大和に軍を進めたときの様子が次のように記されています。

　「皇師兵を勒へて歩より竜田に赴く。而して其の路嶮しくして、人並み行くを得ず」

　当時の道路は人々が2列で行進することができない道で、狭くかつ険し

い道であったことがわかります。

　同じく『日本書紀』には仁徳14（326）年に「この歳京の中に大道をつくりて南の門より直に指して丹比の邑に至りき」とありますが、この頃に計画的な道路が建設されたことは実証されておらず、後世の事業を仁徳天皇の功績として無理に関係づけた記録ではないかといわれています。

　また、「推古21（613）年冬11月、掖上の池、畝傍の池、和珥の池をつくり、また難波より京に至る大道を置く」の記述があり、この間の道路についてなんらかの整備と官道としての指定がなされたものと考えられ、その道幅も10m前後あったことが実証されています。現代でいえば、国道のような代表的な道路と考えられます。

　定住により自然発生的に生じた道が時代の進展とともに徐々に整備され、さまざまな交流の促進に貢献しました。それは石材を運び、土器を運び、塩を運び、軍隊、政治、神、仏教などなど、あらゆる文明、文化を運び続けてきたのです。

1-2 むかしの日本の道路にはどんなものがあるのですか？

　大化の改新の翌年（大化2（646）年）、孝徳天皇は「改新の詔」を宣布し古代律令国家への第一歩を踏み出しました。飛鳥時代には奈良平野を中心に道路が整備されていました。たとえば藤原京と平安京につながる上ツ道・中ツ道・下ツ道や横大路が形成されていました。道路は政府の情報伝達、納税、仏教伝達のために中央と地方を緊密に連絡し、有事の際には軍隊の移動を可能とするように整備が進められました。

　地方に国司・郡司を置き、中央と地方との官庁間を連絡する「駅制」を整備していきました。駅制のもとに運営される道路が「駅路」であり、駅路には30里（現在の約16km）ごとに駅が置かれ、輸送機関として「駅馬、伝馬」が用いられました。

　大化の改新以後、「大宝律令」（大宝元（701）年）の制定を経て、平安期のはじめの頃までに古代律令国家が整えられました。中央集権国家体制が強まり、中央と地方との政治的、軍事的、経済的関係が一段と緊密になりました。これに伴って統治するための道、陸上交通施設としての道路も全国的な規模で整備されていきました。畿内を中心として放射線状につくられた幹線道路によって、主な諸国との交通を確保していったのです。

　これら都を中心に各地方を結ぶ放射線交通路のうち、東海道、東山道、北陸道、山陰道、山陽道、南海道、西海道の7路線を「七道駅路」といい、重点的な整備が行われました。七道駅路のうち都から太宰府までの山陽道を大路、東海道・東山道の2道を中路、その他を小路と呼びました。これらの幹線道路（現在の高速道路に該当）は、わが国で最初の幹線道路網としてつくられており、現在に至るまでも幹線として利用されてきました。

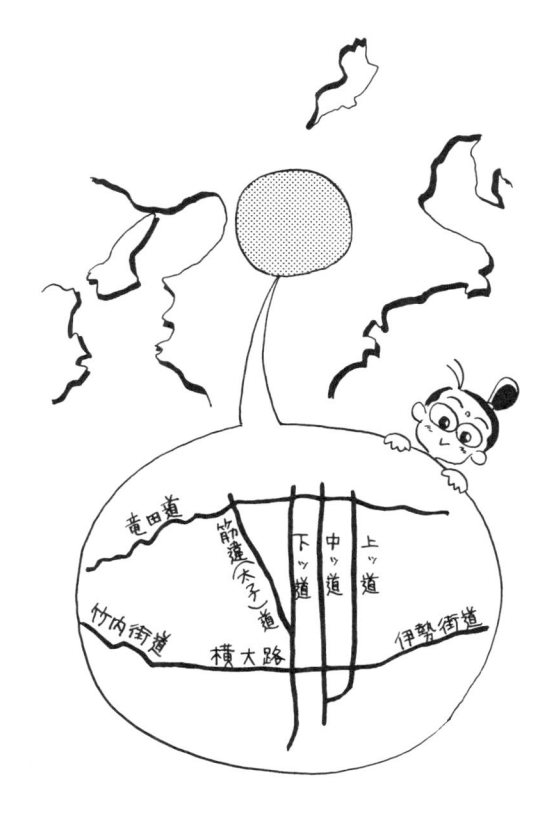

昭和後期からの全国各地での考古学的発掘の成果により、古代の道は両側に側溝をもち幅12mもある大道で、総延長6300kmの直線的に山野を貫くネットワークを形成していたことが広く知られるようになりました。

　平安時代になると中央集権から分権国家へ移行し、土地所有が公から私へ移り、道路の幅員も9m、さらに6mと狭くなります。

　中世に入り源頼朝が鎌倉に幕府を開設すると、山陽道に代わって、東海道が重要視されてきます。「いざ鎌倉」という危急の場合に武士や食糧を速やかに鎌倉に集めるために道路整備が行われました。戦国時代には、武田信玄や織田信長などが積極的に道路整備に取り組みましたが、軍事優先の地域内の道路整備に留まり、国境に他国との交通を取り締まるための関所が設置されたことにより交通を阻害することもありました。

1　道のおいたち

Q 1-3 むかしの海外の道路にはどんなものがあるのですか?

　人間が道路をつくるようになったのは、人間が定住生活をするようになってからです。一方、古代道路史をひもとくと、道路が人工的につくられ舗装されるようになったのは、車両の出現によることがうかがわれます。
　紀元前3000年頃、ウル(バビロニア南部)の「王妃の墓」で、4輪のワゴンが発見されており、すでに道路がつくられていました。紀元前2900年頃、エジプトのピラミッド建設用の石積み道路(延長約1000m、幅約18m)のほか、バルト海沿岸と地中海沿岸を結んだ「琥珀道路」(紀元前2000〜1800年)、砂漠の上にレンガを重ねてつくった「メソポタミアの改良道路」(紀元前1250年)などが古代の人工道路として記録されています。道路は、軍事、貴重品の運搬、宗教の伝達などに使われました。
　古代道路の代表例は、ローマ帝国がつくった道路、「ローマン・ロード」です。『ローマ人の物語』(塩野七生著)の中では、ローマン・ロードをつくった理由を「人間が人間らしい生活を送るために必要な事業」としています。その中でも有名なものは、現在のローマ市内に遺跡として残っている「アッピア街道」です。この街道は紀元前312年につくられましたが、時の執政官アッピウス・クラウディウスの名をとって名づけられたとされています。
　一方、中国最古の道路は、紀元前200年ごろ秦の始皇帝の建設した幹線道路、「馳道」で「はやかける路」といわれたものです。始皇帝は、中国全域に中央集権的な統治を及ぼしていき、その一環として全国的な道路網を整備しました。その道路網は総延長1万2000kmに及びましたが、約半分は幅員70mの大道でした。また、匈奴(中央ユーラシアに存在した遊牧

民族）対策のため、直道と呼ばれる約750kmの軍用道路を北方へつくりました。

　東洋では紀元前100年頃から、中国産の絹がヨーロッパに運ばれていましたが、このために使われていたのが有名な「絹の道（シルクロード）」です。シルクロードは、大航海時代（17世紀中頃）以前の貿易のために利用されたばかりでなく、東洋と西洋の文化交流という重要な役目を果たしました。シルクロードはほぼ3つの道（①北方の草原地帯を通るステップ路、②敦煌を通り中央アジアのオアシス地帯を行くオアシス路、③南方のインド洋、紅海などを経る海上交易路）に分かれています。

　15〜16世紀の南アメリカ大陸では、インカ帝国が大規模な道路網「インカ道」を建設していました。インカ道は、標高0mの海岸部と標高5000mのアンデス山脈に沿って整備され、総延長は4万kmにも及びます。クスコ帝国9代目の皇帝パチャクティ（在位1438〜1471年）が、冬の都（避暑地）として建設したマチュ・ピチュにも8本のインカ道が通じています。インカの人々は、この道路により塩をはじめとする物資などの交流を行いました。

1　道のおいたち

1-4 江戸時代の道路はどのようなものだったのですか？

　江戸時代に入り、徳川幕府は東海道をはじめとする幕府直轄の「五街道」やその他の「脇街道」または「脇往還」を整備、管理するなど、全国的な道路整備を行いました。五街道とは、徳川4代将軍家綱の頃（慶安4～延宝8（1651～1680）年）に定められたもので、東海道、中山道、甲州街道、日光街道、奥州街道の5つを指します。

　徳川幕府は、幕府と朝廷の関係維持、江戸防衛の観点から、五街道沿いには原則として天領・親藩・譜代藩を配置し、特に交通上重要な場所には関所や番所を置いて、単なる交通機能に留まらず幕府の政治・軍事機能を十二分に発揮できるよう配慮しました。

　特に、東海道は将軍が住む江戸と天皇が住む京都を結ぶ幹線であること、参勤交代の大名が多く通行する表通りであるところから最も重要視され、その裏通りの中山道がこれに次ぐものとみなされました。

　中山道（江戸～高崎～下諏訪～京都）は、その中間を木曽路ともいい、西は東海道の草津で合流しています。日光街道（江戸～日光）は、途中の宇都宮で奥州街道（江戸～白河）と分岐していました。また、甲州街道は、下諏訪で中山道と合流します。

　なお、五街道が同時に掲載されている古い文献の例としては、延宝2（1674）年の『伝馬宿拝借錯覚』があります。これによると、五街道の宿は東海道は58宿（京～大坂間5宿を含む）、中山道は79宿、日光および奥州街道は44宿、甲州街道は35宿となっています。

　東海道が慶長6（1601）年、中山道が慶長7年にでき、さらに日光・奥州街道が慶長7年から30年にかけて、甲州街道は慶長9年に江戸～甲府

間ができ、同15年に中山道の下諏訪まで延長されたといわれています。

　五街道には、脇街道または脇往還と呼ばれる街道がつながっていて、本州中央部のかなりの地域を網羅していました。徳川幕府道中奉行である大目付や勘定奉行はそれまで諸藩が設けていた関所や番所を廃し、直接これらを配置することによって政治・軍事的影響力を強めていき、地方を支配していきました。

　このころの五街道の道幅は、山道を除いておおむね3〜4間（約5.4〜7.2m）で、江戸に近いところでは5間（約9m）確保されていました。路線延長（距離）は、五街道で約1500km、五街道を含め幹線道路全体では約5000km、さらに地域的な街道を含めると合計で約1万5000kmが当時の街道ネットワークの延長とされています。

1　道のおいたち

Q 1-5 江戸時代の街道などの交通政策はどのようなものだったのですか？

　江戸時代の統治体制は幕藩体制と呼ばれ、中央政府である幕府と地方政府である藩の二重の統治になっていたため、陸上交通の中心となる五街道や多数の脇街道が整備されていました。参勤交代の大名行列や江戸中期以降大変盛んとなった「お伊勢参り」など社寺への参詣の人たちで街道の宿場町は栄え、経済や文化の発展にも大いに役立ちました。また、幕府は道路の要所に治安・防衛のため関所を配置し、関所を通る際には通行手形を提示しなければならず、厳重に規制されました。特に、江戸と上方を結ぶ東海道沿いの関所では、「入り鉄砲に、出女」といって江戸に武器が集まったり、大名の人質として江戸に置かれた女性が出ていったりしないかを監視したのです。

　また、幕府は東海道・中山道などの宿駅ごとに伝馬朱印状（公用の伝馬を出す証明書）などを用いて管理し、各宿間の運賃や河川の船賃を定め、収入を得ました。その交通政策は、主要幹線である五街道はもとより、五街道の付属である脇街道にも次第に浸透させていきました。

　街道における道中や宿での取締まり、訴訟、道路・橋の修理や保全、並木・一里塚の保全など、道中いっさいのことを総括管理したのが道中奉行です。この職制が実際に機能しはじめたのは、4代将軍家綱の時代の万治2（1659）年のことでした。

　道中奉行の管理する五街道とそれに付属する脇街道以外の街道の管理は、「勘定奉行」が当たりました。ただし、管理は道中奉行のような直接管理ではなく、諸藩に命じて実際の管理を行わせる間接的な管理でした。それは、五街道の道筋が主に譜代の中小藩であるのに、その他の脇街道は外

様の大藩の領国となっていることにも関係があります。これらの諸藩では、その藩政が比較的整い、交通関係の職制も独自性をもっているところが少なくありませんでした。

　このように、江戸時代の街道は、諸大名の参勤交代の通路としての意味が少なからずありましたが、古代の七道駅路に比べ、商人など一般民衆の通行も多くなりました。そのため、各藩は道路の整備状況に対して気を使うようになります。たとえば、ある藩では街道はいろいろな人が通る道だから落橋や倒木などはすぐ役人に届け出ること、また道筋の並木も大切で、自分の藩内の経済や世情を旅人が判断するから道路をしっかりと管理するよう注意を発しているほどです。

　このように、街道筋の整備や修理はかなりよく行われていたようです。ただ、駕籠や馬は使われていたものの交通がほとんど人の歩行に限られていたため、今日のような道路技術の目立った進歩は見られませんでした。

1-6 明治時代に入ると道づくりはどのように変わったのですか？

　明治になると、政府は、欧米の近代文化の移入を看板に掲げ、それまでの徒歩中心の道路交通に代わり近代的な輸送手段として馬車・馬車鉄道・蒸気鉄道といった先進的な交通システムを導入し、日本の交通事情は大きく様変わりしました。

　そんななかにあって、誰もが道路を自由に往来できるようになったにもかかわらず、道路整備にはあまり力が注がれませんでした。国や地方の財政が乏しく、整備費用を捻出するのがむずかしかったことと、明治政府が交通政策としては近代的大量輸送機関である鉄道、海運に重点を置いていたからです。

　しかし、明治政府にとって殖産興業の政策を進めるうえで、道路や橋の補修・改築は大きな課題であり、明治4（1871）年、有償道路の制度をつくり、通行料を徴収する民間経営の道路や橋の建設を認めました。これが現在の有料道路の始まりともいえるものです。この制度により、東海道では小夜の中山峠（東海道三大難所の1つ、掛川市）が改修されたり、天竜川に橋が架けられたりしました。また、東京府の高輪口から筋違橋御門（現在の万世橋と昌平橋の中間）までの道も「三厘道」と称して乗合馬車の売上げ金から3/100を徴収し、そのお金で人道と車馬道とを分離した道路につくり代えました。これらの道は、「賃取道路」や「賃取橋」と呼ばれました。

　明治政府が人力車の普及に力を入れた結果、失業した街道沿いの荷車ひきや駕籠かきたちの多くが車夫に転職しました。また、事業希望者には人力車購入を斡旋する面倒までみる自治体もあり、人力車が爆発的に増加・

普及し、全国で10万台を超えました。車交通時代の幕開けとともに、道路についての制度も次第に整えられてきており、明治9（1876）年には太政官布達で全国の新しい道路制度が定められ、道路は国道・県道・里道の等級に区分されました。道路を通行する車両の多様化により、それぞれの道路幅の標準が決められました。すでに、この時代にも多い年には全国で100人ちかい交通事故死亡者が出ており、計画的な道路整備が必要になってきました。

　この頃の道路整備の一例として有名なのが、三島通庸が県令（山形県令：1874～1882、福島県令：1882～1884）として整備した山形～福島を結ぶ「万世大路」で、延長50kmに及ぶ新道でした。

　大正期（1912～1926年）に入ると、第一次世界大戦時の好況などにより自動車交通は飛躍し、大正8（1919）年に社団法人「道路改良会」が設立され道路事業が積極的に推進されました。同じ年に最初の「道路法」が公布され、道路の建設と管理に関する規制を統一化し、行政の権限や費用の負担のあり方が定められました。

1-7 高速道路はいつ頃からつくられてきたのですか？

　高速道路は、1920年代半ばから現われはじめました。ドイツでは1933年、ヒトラーがアウトバーン建設を宣言し、諸外国に先駆けて高速自動車道の整備が進められました。

　そもそもアウトバーンの歴史は、ベルリンのAVUS（自動車交通実験道路）にさかのぼります。1912年にAVUSの建設が開始され、第一次世界大戦で一時中断したものの、1921年に完成しました。この道路は当時の最新の技術基準によってつくられ、その後のアウトバーン建設と自動車技術の発展に大きく貢献しました。AVUSは、拡幅改良されているものの、今でもベルリン市の幹線道路の一部として立派に機能しています。

　アメリカで最初に高速道路の建設に着手したのは、ペンシルバニア州でした。州議会の承認によってはじめられた延長257kmのペンシルバニア・ターンパイクは、連邦事業省からの雇用促進のための交付金も得て、1940年10月1日に開通しました。この道路は、中央分離帯をもちインターチェンジ以外では出入りできない本格的な高速道路でした。

　一方、日本では高速道路という言葉は1940年代から使われ始めました。ドイツやアメリカの高速道路の影響を受け、昭和15（1940）年、「紀元2600年」の国をあげてのお祭りもあって、日本の高速道路の歴史がスタートしました。この年に始まった調査は、3年後の昭和18（1943）年には「全国自動車国道網計画」としてまとめられました。

　この自動車国道網計画は、全路線計画が5 490kmにも及ぶ本格的なものです。その骨格は青森から下関まで、太平洋岸と日本海側をそれぞれ走る1本ずつの幹線で構成され、その間を何本かの横断道が走るという計画で

した。
　なかでも、優先度の高い東京〜神戸間については昭和18（1943）年にさらに詳細な調査が開始され、特に名古屋〜神戸間は具体的に設計が行われ、工事予算請求の動きすらありました。しかし、戦局の悪化によって昭和19年には調査は打ち切られ、そのまま終戦の日を迎えたのでした。
　戦後、国土の復興がなされていくなかで、戦災や財源不足から荒廃した道路の整備は厳しい状況に置かれていましたが、昭和26（1951）年に建設省（当時）は高速道路の調査を再開し、昭和29（1954）年には戦前に内務省が構想した「全国自動車国道網計画」を参考に「東京〜神戸間高速有料道路建設計画書」が作成されました。
　このような動きのなかから、同年「第一次道路整備五ヵ年計画」が策定され、さらにその後の高速道路整備に関する種々の法律の成立を経て、わが国も本格的な高速道路時代を迎えることになったのです。

> **Topic　〜ワトキンス調査団の名言〜**
> 　昭和31（1956）年、東京〜神戸間高速道路の調査に訪れた世界銀行の調査団長、ラルフ・J・ワトキンスは「日本の道路は信じがたいほど悪い。世界の工業国にしてこれほど道路を無視してきた国はない」と指摘し、この名言をきっかけに日本政府は五ヵ年計画の規模を3倍増としました。

1-8 道路についての法律はいつ頃からあるのですか？

　わが国の道路に関しての最も古い法律は、文武天皇の時代に制定された「大宝律令」(大宝元 (701) 年) といわれています。大宝律令では、重要な道路を大路 (山陽道)、中路 (東海道、東山道)、小路 (北陸道、山陰道、南海道、西海道) に分け、作路司 (道路をつくる専門部署の責任者の官職名) を置いて道路を修繕したり橋を架けさせたり、郡司 (郡を治める地方官) には毎年、定期的に道路の補修を行わせることなどが決められていました。当時、すでに使用されていた荷車についての積載重量を定めた規定も残っています。こうして、畿内 (京に近い国々) と七道 (古代日本の地方区分。東海道、東山道、北陸道、山陰道、山陽道、南海道、西海道) を結ぶ官道の制度ができるとともに、全国にわたる道路整備が行われました。

　その後、戦国の動乱期には各領主が自国内で独自の道路整備をすすめましたが、軍事的な理由から全国的な道路網の整備の視点はなかったようです。この道路の「暗黒時代」に終止符を打ったのは織田信長でした。信長は全国統一の過程において関所を撤廃し、交通の自由やそのための道や橋の整備の施策を推進し、その思想が江戸幕府の道路整備として開花したのでした。

　それでも、この時期の道路についての法律は主要な街道についてのもので、道路全体について規定するものではなかったのです。

　日本の道路法制は大宝律令以降明治に至るまで、西欧諸国に比べて大きく遅れをとっていました。その原因は、経済の発展が遅れていたことと、明治元 (1868) 年に馬車が輸入されるまでは、道の利用者は徒歩、人力による駕籠、騎馬などであったため馬車交通がほとんどなかったからと考

えられます。

　明治に入ると馬車、自転車の輸入が行われ、また人力車の開業も見られました。これらが明治中期には全国に広まった結果、それに伴って道路の損傷、破壊が著しくなりました。

　明治6（1873）年「河港道路修築規制」が出され、道路の種類は、一等、二等、三等道路に区分され、工費や費用分担についての規定が設けられました。また、明治9（1876）年には太政官布達第60号で全国の道路が新たに国道、県道、里道の3種類に区分されました。

　大正時代になると、第一次世界大戦により日本は著しく経済発展し、輸送需要の急増が自動車の普及を促しました。ここに、道路改良に対する気運が急速に高まり、大正8（1919）年4月に道路法が公布されました。道路法では、道路や道路付属物の定義を明確にし、道路の種類、等級、路線の認定基準、管理、費用負担、監督、罰金の全分野にわたってはじめて法体系が図られました。道路はすべて国の営造物と定められ、その後30年道路法は道路行政の基幹となりました。

　終戦後、道路法も昭和27（1952）年にすべて改正され、都道府県道は都道府県の、市町村道は市町村の営造物としました。

　その後、有料道路の建設が本格的に始まり、日本の道路整備は急速に進みました。そして昭和32（1957）年には高速自動車国道法など新たな法律も整備されました。

道路を舗装するようになったのは いつ頃からですか？

1-9

　舗装の始まりは、紀元前2600年頃古代エジプトでのピラミッド建設のための舗石道路といわれています。その後、紀元前1600年頃にはペルシア帝国において、セメントと砂と水を混ぜ合わせた材料に、石や石の板を敷き詰めた舗装が使われ始めたとの記録があります。

　紀元前300～紀元300年頃には、ローマ帝国が帝国内に総延長8万5000kmにも及ぶ幹線道路網を建設しました。ローマから東南へ向かう「アッピア街道」はその代表的なもので、敷石舗装の一部は今でも自動車交通に使われています。

　ローマ帝国の滅亡後長い間、道路・交通上の大きな進歩はありませんでしたが、イギリスで18世紀後半産業革命が起こると馬車交通が盛んになり、車輪による路面の傷みに対処するために砕石を用いる舗装工法が生み出されました。1815年にイギリスのマカダムの考案した工法は、道路の両側に排水溝を設け中央に盛土し、水はけをよくしたうえで雨水から表面を守るために細かく砕いた石を突き固めて敷いたもので、近代道路舗装の始まりとされています。1856年にクラッシャー（切込み砕石）が、1859年にスチームローラーが発明され、マカダム式道路の建設は安い工費で丈夫な道路ができるとして広く普及しましたが、もうもうと立つ砂ぼこりは旅行者や付近の住民の悩みの種で、散水馬車なども登場したようです。

　その後、19世紀末にガソリン自動車が発明され、自動車の速度や交通量に耐えることができ、ほこりの発生も抑えたアスファルト舗装やコンクリート舗装が出現したのです。アスファルト舗装は、1871年ニューヨークとフィラデルフィア間で、コンクリート舗装は1893年オハイオ州ではじ

めて施工され、今ではほとんどの道路に使われています。

　わが国では、縄文時代後期の元屋敷遺跡（新潟県）で「縄文の舗装道路（道路状遺構）」が発見されています。両側に大きく扁平な石を置き、その間に砂利を敷いた舗装道路です。幅は2m、長さは約40mあり、当時の水場と水場を結んでいたと考えられています。江戸時代初期に平戸や長崎で石畳による舗装をはじめとし、延宝8（1680）年に箱根の山越え道を石畳としたり、文化2（1805）年に東海道の京都〜大津間で人馬道（歩道）と牛馬道（車道）を区別した石畳道の建設記録があります。これらは、わが国独自の舗装技術として発達したものです。

　江戸時代末期には海外の技術が導入され、文久3（1863）年長崎のグラバー邸内でコールタール舗装が、明治11（1878）年東京神田の昌平橋にアスファルト舗装が施工されました。自動車荷重に耐えるはじめてのアスファルト舗装は東京の京橋〜日本橋間、名古屋市中区門前大須観音入口の試験舗装（明治44〜大正3（1911〜1914）年）であるといわれています。

1　道のおいたち

1-10 道路に並木を植えるようになったのはいつ頃からですか？

　わが国で道路に並木を植えるようになったのは、天平宝字3（759）年のことです。東大寺の僧普照が、当時各地方から中央に租、庸、調の貨物を輸送した諸国の農民たちの苦労を見かねて、駅路（宿駅から宿駅へ通じる道）の両側に果樹を植えることを役所に進言し、畿内において並木として果樹を植えたという記録があります。当時、果樹として植えられたのは柿などで、旅人たちに夏には日陰を、秋には実った果実を提供することができたのです。その後、時代は変わっても、並木を保護しようとする政策は現代まで続いています。

　織田信長は天正3（1575）年、東海・東山両道の修築の際、松・柳の並木植樹を命じ、同13年には上杉謙信も領内大小の道路に、松・柏・榎・漆などを並木として植えさせた記録があります。しかし、並木が全国の主な街道に植えられたのは江戸時代になってからのことです。

　江戸幕府は慶長9（1604）年、諸街道の改修、一里塚の設置とともに並木を植えさせ、宝暦12（1762）年には、五街道、脇街道など全国すべての並木の植えつぎ、幅の狭い道の改修、掃除の指定などを細かく定め、並木の保護を励行させました。

　諸藩でも並木を植えその保護を行うようになり、ほとんど全国各地に普及しました。たとえば、熊本藩主加藤清正は豊後街道に杉並木を植えて厳重に保護し、前田利長は幕府に先立ち加賀国内に並木を植えさせ、会津藩では並木の枯れた箇所などに赤松を植えるなど、その保護策を徹底していたようです。中山道の安中～原市間の杉並木（天保時代：約700本）は、延宝9（1681）年以降に上野国の安中藩主板倉重形が旅行者の暑さを避け

るために植樹させたものだといわれています。

　最も著名なのは、箱根や日光の杉並木です。箱根の杉並木は、松平正綱が元和4（1618）年東海道改修の際植樹したものといわれています。芦ノ湖畔の国道1号に沿って杉の巨本が並列し、「昼なお暗き杉の並木、羊腸の小径は苔滑らか」と歌唱されてきました。日光の杉並木も、同じく正綱が寛永2（1625）年から慶安元（1648）年まで日光東照宮に植樹、寄進したものです。東照宮へ行く日光道中・例幣街道・会津西街道の三方、合わせて約40km、20万本もの杉苗が植えられました。

Topic　〜日光の杉並木のオーナー制度って？！〜

　日光の杉並木は、延長が世界一として「ギネスブック」に載っています。延長37km、直径30cm以上の杉並木が今も1万3000本以上あります。しかし、近年の大気環境の悪化で枯れるものも少なくありません。このため、企業などに杉1本を1000万円で買い上げてもらい、樹勢回復のお金を捻出する並木オーナー制度が設立されています。

1　道のおいたち

1-11 過去の大火災や震災は、道づくりにどのような影響を与えてきたのですか？

　古くから人々は、災害から身を守るための工夫を凝らし、安全な生活を求めてきました。さまざまな災害がありますが、人口の集中する都市と道路とのかかわりのなかで特に影響の大きいものは、大火災と震災ではないでしょうか。

　たとえば、江戸時代の明暦3（1657）年の大火は、焼失戸数約2万戸、焼死者数約10万人で江戸時代最大の火災となりました。この大火災を契機に今までの城下町のあり方を考え直し、防災対策としての都市計画が提案されました。室鳩巣、本多利明、山片蟠桃などが都市改造論、都市防災論を唱え始めました。

　道路や街路の拡幅、避難場所の設置、建築物の不燃化・耐火構造化、緑地や公共空間の確保などを主張し、特に道路の重要性を強調しています。そのなかでも、大坂（当時の表記）の町人学者であった山片蟠桃は、著書『夢の代』のなかでユニークな防災論を提案しました。「市街ホド街路ヲヒロクシ所々ニ火除地ヲヒラキ防御ヲナスベキ也、堀ヲヒロクシ又新ニ新堀ヲカマエ、又ハ市中ニ十文字ノ堤ヲ築キ松ヲウエ並ベタレバ堀ヨリマサルベシ」とし、当時の大坂市街を堤により4分割する防災構想を提示したものです。

　明治に入ってからは、田口卯吉が火災予防を都市の最重要課題として、まず第1に道路を広くすること、第2に家屋を制限して、表通りには堅固な高い建物で建築すること、市街を道路によりブロック割りし、その道幅は10間（18.2m）と6間（10.9m）を交互に配することなどを論じています。その後も多くの提案・構想がありましたが、基本は道路や街路の重要

性を説くものでした。
　大正 12（1923）年の関東大震災は、震害と火災により都心部に大きな被害をもたらしました。昭和通りは震災の復興事業として建設されたもので、原案では幅 108ｍという広い空間を計画していました。
　財源の問題から幅員はやや狭くなりましたが、延焼防止に大きな効果があるとして都市計画に組み込まれたものです。
　一方、平成 7（1995）年の阪神・淡路大震災では家屋の倒壊・火災、高速道路落橋などにより阪神間を中心とした東西幹線道路が寸断され、交通機能が麻痺してしまいました。しかし、被害の少なかった幹線道路、バイパスなどは有効に働き、渋滞はありましたが復興に大きな役割を果たしました。
　このように、道路が寸断されても別の道路がその代わりとなり得るように、今後既成市街地内で格子状の街路整備を進めることや、幹線道路を中心としたネットワークを完成することが重要です。

1-12 むかしの人は何を頼りに道を利用していたのですか？

　旅行やドライブをするときの必需品といえば地図とガイドブックです。出かける前に地図を見て道順を計画し、ガイドブックを見て訪問先や宿泊先などを決めることは、旅の楽しみのひとつです。

　正確な地図が簡単に手に入らなかった頃は、平安時代の高僧行基がつくったとされる『行基図』が、長い間人々の旅の助けとなっていました。行基は、民間伝道と社会事業のため積極的に各地を訪れ難民を援助する「布施屋」を設け、橋を架け堤を築き、道路や堀などを構築したことで有名です。この地図は、形はあやふやですが国名と位置関係、交通路が記された最古の日本全図です。むかしの旅人にはこれでも十分用が足りたのでしょう。

　江戸時代までは諸国が分割されていたこともあり、国家的に日本全図を編纂した記録はありません。江戸幕府は慶長10（1605）年、全国統治のため日本全図をまとめ、以降何度かの編纂で日本列島の形が次第に正確なものになってきました。文政4（1821）年伊能忠敬の測量による日本全図は、現在とそれほど変わらないことで有名です。明治維新後、近代的な測量技術により地形図が作成されましたが、軍用優先のものでした。本格的な公共用・民間用の地図づくりは、昭和35（1960）年に国土地理院ができてからのことです。

　そして、ガイドブック。文化7（1810）年に発行された『旅行用心集』が本格的なものです。安全な旅のための「道中用心六十一箇条」が記されていて、たとえば「駅舎へ到着して、第一にその地の東西南北の方角を聞きさだめ、つぎに家作り（建物の構造）、雪隠（トイレ）、裏表の口ぐち（出

入口、非常口）等を見おぼえおくこと古の教なり」とあります。

さらに、雪国などいろいろな場面での心得、全国の街道の道順や距離表、人足や馬の賃金などの説明まであるのですから驚きます。

江戸時代末期には、江戸・畿内をはじめ諸国の名所旧跡・景勝地の由緒来歴や各地の交通事情を記した『名所図会（めいしょずえ）』が多く刊行され、近世における巡礼の盛行による需要に応じて、名所案内としての実用性を備えたガイドブックとして人々に親しまれました。

> **Topic　～信仰と道～**
>
> 　世界遺産に登録されている熊野古道を含む「紀伊山地の霊場と参詣道」は有名です。熊野の参詣道は古くから山岳信仰の霊場へ導く道、山岳修行の道として人々に利用されてきました。庶民から法皇や上皇まで利用したとされ、後白河上皇の熊野詣は30回を超えたとされています。
> 　海外では、スペインの「サンティアゴ・デ・コンポステーラの巡礼路」も世界遺産に登録されました。紀伊山地の霊場と参詣道と並び、世界でも珍しい道の世界遺産としても知られています。

1　道のおいたち

1-13 むかしの人はどのように道を利用していたのですか?

　江戸時代に入り、幕府は政権維持のため江戸に武器を持ち込むこと、江戸から諸国の大名の人質としての女性が出ていくことを厳しく取り締まりました。いわゆる「入り鉄砲に、出女」です。これを聞くと、暗い世の中だったと思いがちですが、人々は想像以上に自由に旅を楽しんでいたようです。旅行ブームが高まったピークには、6人に1人がお伊勢参りに出かけたといいますから、相当なものです。

　江戸時代の代表的な大ベストセラー、十返舎一九の『東海道中膝栗毛』。弥次さん、喜多さん、2人の主人公が、道中悪ふざけや失敗を繰り返すのを面白おかしく描いた旅行日記。この作品で、人々は旅への思いをかきたてられたことでしょう。『江戸名所図会』や『都名所図会』といった名所を描いた案内図などの刊行もあって、空前の旅行ブームを引き起こしたのです。

　当時は、ほとんど徒歩の旅。「お江戸日本橋七つ立ち」と歌われたように日本橋から始まる東海道の旅。「七つ」というのは夜が明ける2時間前、提灯片手に7kmほど歩いて高輪のあたりにさしかかったとき、ようやく陽が昇ったことでしょう。「こちゃ高輪、夜明けの提灯消す。こちゃえ、こちゃえ」というわけです。1日の行程は、成人男子で約10里（約40km）。日本橋から京都の三条大橋までの125里（490km）を、12〜13日かけて歩いたそうです。女性でも1日に5里や6里は歩いたといいますから、むかしの人は丈夫な足をもっていたものです。

　「箱根八里は馬でも越すが、越すに越されぬ大井川」。戦いが始まったときに江戸を守るという軍事上の理由から、江戸幕府は大井川に橋を架けま

せんでした。このため、人々は川を渡るために川越え人足を頼み、蓮台（板に2本の棒を付けた台）や肩車で運んでもらいました。渡し賃は股までの水深のときは48文（現在の2000円前後）、脇までの水深のときは94文（現在の4000円前後）でした。水深が脇4尺5寸（約145cm）を超すと川留め（通行止め）となり、旅人は何日も足留めされてしまいました。急ぎの旅のときにはさぞイライラしただろうし、宿泊代もばかにならなかったでしょう。旅のいちばんの難所といわれたのもうなずけます。

　江戸時代になって、庶民の間で旅行が流行したということは、平和で政治的にも安定していたことの証明ともいえます。

1-14 むかしの人は道のことをどのように考えていたのですか？

　現代のように整備された道路や自動車のような交通手段がなかった古代では、険しい峠道あり崖伝いの道ありで、旅は大変危険なものでした。また、諸国の人たちが行き交う道から新しい技術や生活習慣など未知の情報が伝えられる一方で、他国の悪霊や病気なども道を通して侵入してくると考えられていたようです。

　これらのことが、人々に道に対する畏敬や畏怖の念を抱かせることになり、路上の悪魔を防ぎ、通行人を守る「道祖神」、「地蔵堂」信仰を生み出したようです。道祖神については、漢の国（紀元前206年～紀元220年）の交通安全の神が日本に伝わったといわれています。

　旅行者の無事や安全を祈り、外からの悪魔の侵入を防ぐため、国境の峠道の「境界（さかい）」に酒を供えたり、酒を地に注いだりして「境界祭祀（さかいむかえ）」といわれるお払いをしました。酒は神秘的な力をもつものと考えられていたので、広く神意をうかがうための行事には欠かせないものでした。今の「御神酒（おみき）」です。また、峠は「たむけ」の音便といわれ、山には神がいると信じられ、山の入口や山のよく見晴らせるところで、神にたむける、神を祭るという習俗があったことを意味しています。峠は村と村を、人と神をつなぐ2つの世界の接点でもあったようです。

　このような道に対する特別な信仰は、旅行の際の出発の日時や方角に対する吉凶や、行き先での縁起を重んじる思想となって人々の間に浸透しました。また、道は世俗の縁から離れた聖なる場所として、道で起きたことはその場で処理し、まちの中にはもち込まないという慣習がありました。今でも「旅の恥はかきすて」などといわれる由来のようです。

今ではほとんどなくなりましたが、旅の出発のときには「出立ち」という習慣がありました。旅に出る者を家族や親族、それに近所の人たちが村境まで送っていき、そこで酒をくみ交わしたのです。嫁入り前の祝宴や出棺のときの飲食行事をそう呼ぶ地方もあったようですが、いずれも村から離れるという共通点があったのです。
　旅の出発には、ワラジ銭といって送る者が旅のはなむけに何がしかのお金を用意しました。ワラジ銭をもらった旅人は、遠く離れた道中でも気持ちは村とつながっていたのです。そのお返しとして、旅から村に戻るときには寺社の縁起物や門前の特産品である「宮笥」をもち帰りました。餞別を送ったり、字は違いますが「土産」を買って帰る習慣はこの名残りです。

2

道のいろいろ

　道について、言葉の意味から国道にまつわるはなしまでを広くとりあげて問いにしてみました。表題に挙げた呼び方だけでも、道、道路、国道、バイパス、ロード、モールなどいろいろな種類があります。道や道路の話題は、数えあげればきりがないほどたくさんあります。ここでは、そのほんの一部を紹介しているにすぎません。これを機に、もっと多くの道の話題を考えたり、道に親しみをもっていただけたらと思います。

Q 2-1 「道」という字の由来や意味はなんですか？

「道」いう字は、「辶」と「首」を合成したものです。「辶」は「行ったり、止まったりする」という意味で、「首」はここでは「人」を意味します。つまり、「道」という字は「人が行ったり、止まったりするところ」を表現したものです。

また、「道」は「みち」と読みますが、これはもともと「道」を意味する「ち」に接頭語の「み」がついてできた語です。

「道」には、①人や車などが往来するためのところ、通行するところ、②目的地に至る途中、みちのり、③人が考えたり行ったりする事柄の条理、道理、手立て、手法、手段、④行政区画（たとえば北海道）など多くの意味があります。

同じ「みち」と読める漢字「路」は、「足」と「各」の合字ですが、道を行く人は「足」の向くところが「各（おのおの）」異なるという意味からつけられたものです。

「道路」はこれら2つの漢字を組み合わせた言葉で、人々の交通のために設けた地上の通路という意味です。ここで、交通とは人や物がある場所から別の場所に移動することです。

なお、この「道路」という言葉は、古くは紀元前1000年頃の中国の周という王朝の法令集に使われていた記録があり、日本には3世紀前半に伝来したとされています。

このように、「道」と「道路」はほぼ同じ意味ですが、現在の「道路法」という法律では「道路」とは、「一般の交通の用に供する道で、高速自動車国道、一般国道、都道府県道、市町村道のいずれかであるものをいい、ト

蹈 → 辺 → 道

「首」が行ったり、止まったり…?

違〜う!!
「首」は「人」の意味!!

　ンネル、橋、渡船施設、道路用エレベータなど道路と一体となってその効用を全うする施設又は工作物及び道路の附属物で当該道路に附属して設けられているものを含むものとする」(道路法第2条、第3条) と規定されています。
　言葉の起源からもわかるように、道は人が大地を歩いて自然に踏み分けたところから始まり、やがて多くの人々やものの行き交う場所となり、人と人との交流、遊びや祭りを行うための場所として、今もむかしも人々の生活に欠かせない空間となっているのです。

2-2 道路の種類には、どのようなものがあるのですか？

　一般に、道路と呼んでいるものにはいろいろな種類があり、いくつかの形態に分類することができます。制度的には「道路法」という法律で、高速自動車国道、一般国道、都道府県道、市町村道の4種類に分類しています。

● 高速自動車国道
　自動車の高速交通のための道路で、全国的な自動車交通網の要（かなめ）となる部分を構成し、かつ政治・経済・文化上特に重要な地域を連絡するものやその他、国の利害に重大な関係をもつもので、政令で路線が指定されます。

● 一般国道
　高速自動車国道とあわせて全国的な幹線道路網を構成し、国土を縦断・横断または循環して都道府県庁所在地や政治・経済・文化上特に重要な都市を連絡する道路や、重要都市、人口10万以上の市、港湾や空港、国際観光上重要な場所などと高速自動車国道または一般国道とを連絡する道路で、政令で路線が指定されます。

● 都道府県道
　地方的な幹線道路網を構成し、かつ市または人口5000人以上の町（主要地）とこれらと密接な関係にある主要地、重要港湾もしくは地方港湾、鉄道の主要な停車場、主要な観光地とを連絡する道路など一定の要件に該当する道路で、都道府県知事が当該区域内にある部分について路線を認定したものです。このうち、資源の開発、産業の振興など特に整備をする必要があるものを主要地方道とし、それ以外の一般都道府県道と分ける場合があります。

● 市町村道

　市町村の区域内にある道路で市町村長が路線を認定したものです。高速自動車国道、一般国道、都道府県道のように法令上の要件は必要とされていません。

　このほかに、一般公衆の通行用施設の道路の区分とし、「街路」（都市部の道路の総称、都市計画で定められた道路）、「農業用道路」（土地改良法に基づくいわゆる農道、大規模なものがスーパー農道）、「林道」（森林法などで定義はないが、森林開発、保全を目的として森林地帯に設けられる道路、大規模なものがスーパー林道）、「公園道」「自然歩道」（自然公園内において公園事業として整備される道路）、「里道」（道路法の適用のない公共道路で、たとえば農村地帯で水田を区画している2m程度の畦道など）などがあります。さらには、港湾法に基づく臨港道路、漁港法による道路、鉱業法による道路、都市公園法による園路などもあるほか、道路運送法による一般自動車道があります。道路運送法による道路は民間企業等が道路を建設し、その費用をまかなうために利用者から通行料金を徴収するものです。

2　道のいろいろ

2-3 道路の「起点・終点」はどのようになっているのですか？

　路線を指定する際には、まず、起点と終点が定められます。道路の始まりの地点を「起点」、終わりの地点を「終点」とし、「上り」は起点に向かっていくこと、「下り」はその逆の終点に向かっていくことをいいます。

　国道がはじめて指定されたのは明治18（1885）年2月24日のことで、当時の内務省が1〜44号までの路線番号を確定して国道表を告示しました。これは現在の国道の路線番号とはまったく異なり、1号（東京〜横浜港）、2号（東京〜大阪港）、3号（東京〜神戸港）など、東京を起点とし全国の開港場、伊勢宗廟、鎮台、府県庁を終点としていました（1路線は、大阪府と広島鎮台が起終点）。このとき、国道の起点を表す「道路元標」が、東京の日本橋の中央に置かれました。

　また、大正8（1919）年4月10日にはじめて道路法が公布されましたが、この法律では国道の路線は「一　東京市より神宮、府県庁所在地、師団司令部所在地、鎮守府所在地又は枢要の開港に達する路線　二　主として軍事の目的を有する路線」の2種類とし、一号の国道はすべての路線で東京市が起点とされていました。

　戦後の昭和27（1952）年に道路法が全面改正され、一級国道は国土を縦断、横断、または循環して、都道府県庁所在地、その他政治、経済または文化上特に重要な都市を連絡する道路、二級国道は都道府県庁所在地および人口10万人以上の市を相互に連絡する道路などとされました。これまでのように東京のみを起点とせずに各都市をそれぞれ起終点としています。

　現在の一般国道の起点・終点は、路線名（番号）や重要な経過地とともに「一般国道の路線を指定する政令」で定められていますが、東京都日本

海の上の国道

函館から海を渡る国道が3つ!

橋に起点をもつものが1号、14号、15号など7路線あります。なお、大阪市梅田新道交差点にも7路線の一般国道の起点・終点がありますが、ここの道路元標は、昭和27（1952）年の道路法改正後に設置された比較的最近のものです。

　一般国道は、都道府県道と異なり起点と終点が同一都道府県内にないものが多くなっています。岐阜、滋賀、奈良、鳥取、香川、徳島の6県では、県内で完結している国道は1本もありません。また、一方北海道では2路線が青森県に、沖縄県でも1路線が鹿児島県に起点をもっています。

　一方で、国道16号（横浜市）、199号（北九州市）、302号（名古屋市）のように同一都市内に起点・終点をもつものもあります。なかでも、国道16号や国道302号は環状道路であり、他都市を経由しながら起点と同じ位置に終点が設定されている珍しい道路となっています。

2-4 道の名前はどのようにしてつけるのですか？

　道路には、整備や管理を行ったり道案内をするために名前がつけられています。

　一般国道では、現在国道1号から507号までがあります。このうち59号から100号までと、109、110、111、214、215、216号の48路線が欠番となっているため、実際には459の路線となっています。

　現在の国道の路線名は、戦後の経済の発展とモータリゼーションに対応して最初の道路法が全面的に改正された昭和27（1952）年に一級国道につけられた1〜40までの番号と、翌昭和28年に二級国道につけられた101〜244の3桁の番号を基本にしています。

　国道1号から58号までは、東京を中心として国土の骨格を形づくるように、順次番号がつけられました。また、101号からあとの番号は、北から南へと順次番号をつけていく方法が原則となっています。現在、一級、二級の区分はなくなっていますが、2桁の番号の国道の欠番は、一級国道と二級国道の区分のなごりです。3桁の欠番については、109号は108号の一部に、110号は48号に、111号は45号に、214号、215号、216号はまとめて57号にしたために欠番になっています。

　高速自動車国道は国土を縦貫し、または横断する全国的な高速自動車交通網の要となる道路であることから、その名前は「中央自動車道」「東海自動車道」「東北縦貫自動車道」「九州横断自動車道」など広域的な通過位置を代表する地域名がつけられています。

　また、現在の国道と江戸時代に定められた五街道は、すべてが当てはまるわけではありませんが、東海道が現在の国道1号、中山道は国道17号、

18号、142号、20号、19号、21号、8号に、日光街道は国道4号と119号に、甲州街道は国道20号に、奥州街道は国道4号にあたります。今でも多くの国道が愛称で「○○街道」と呼ばれています。

　また、城下町ではむかしの町の中心である城に対し「タテ」に伸びた道を「○○通り」、「ヨコ」の道を「△△筋」と呼んでいることも多いようです。同心円状の道路は「外環」「中環」「内環」といったりもします。

　都道府県道では、原則として路線の起点と終点の名称（市名または町名、港湾名、停車場名、観光地名など）を起終点の順に並べ、県道○○△△線とすることとされています。ただし、同じ名前の路線が別にある場合は、起終点の中間に経過地の地名を挿入することとされています。また、市町村道では起終点の地名を並べた路線名のほかに、市道○○号線などと番号がつけられることも多いようです。

2-5 「通り名」はどうやってつけるのですか？

　「通り名」は、土地に不慣れな人に、通りの名前と距離を表す番号を記載した「標識板」で、目的地への案内をしようという試みです。
　たとえば、右図の標識。「○○通り♯3」とは、通りの起点から30ｍの位置であることを示しています。もし、あなたの目的地が起点から120ｍの位置であり、「○○通り♯12」であるとすると、あなたの目的地はここから90ｍ先にあるということになります。
　日本と欧米では住居表示の方式が違います。住居表示に関する法律によると、「住居を表示するには、都道府県、郡、市、区、町村の名称を冠するほか、街区方式か道路方式のいずれかの方法による」とされています。
● 街区方式
　道路、鉄道などの恒久的な施設、または河川などによって区画された地域につけられる符号と、その地域内の建物につけられる番号を用いて表示する方法で、日本のほとんどの箇所で採用されています。
　　例）東京都千代田区霞が関○丁目○○
● 道路方式
　道路の名称と道路に接する（または道路に通ずる通路を有する）建物につけられる番号を用いて表示する方法で、地域に不慣れな人でも場所の説明や確認がしやすく、道案内に優れています。欧米では一般的です。日本では、山形県東根市の一部で採用されています。
　　例）山形県東根市板垣大通り○
　「通り名」の場所は、次のようなルールで決めます。
① 通りに名称をつける。

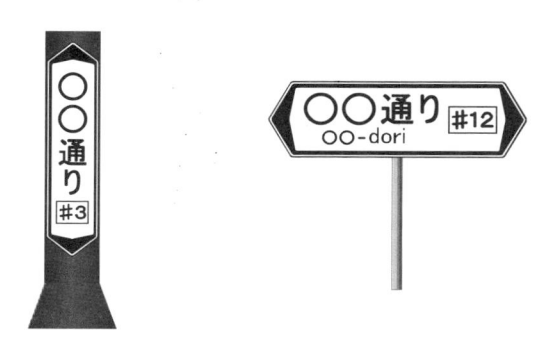

「通り名」の標識設置イメージ

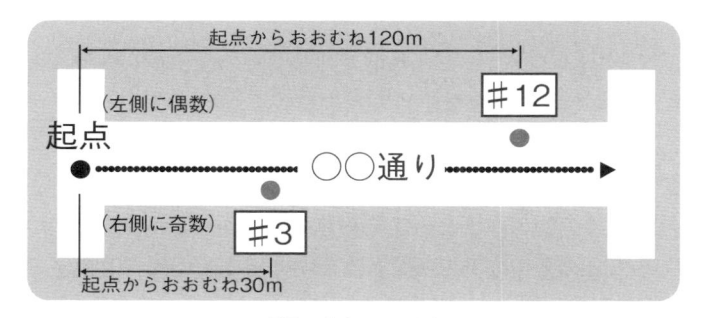

「通り名」のつけ方

② 通りの起点からおおむねの距離を位置番号とする（10m単位）。
③ 起点を背に右側に奇数、左側に偶数を表示する。

2 道のいろいろ

「バイパス」とはなんですか？

2-6

　車やバスに乗っていて渋滞に巻き込まれたとき、「ああ、抜け道があったらいいのになぁ」と感じたことはないでしょうか。特に、あなたが行きたい目的地が渋滞している区間の先にあって、ただ単にそこを通過したいだけの場合に、その思いはいっそう強いものとなるでしょう。

　「バイパス」は、道路の混雑を解消するために、交通渋滞の激しい区間でその沿道に用事のない車（これを通過交通と呼びます）を迂回させてスムーズに通行できるように、その区間に並行して設けられる道路のことです。

　「国道○○号バイパス」などと呼ばれる場合は、もとの道路との関係がわかりますが、多くは代表的な地名をとって「△△バイパス」と呼ばれています。

　ところで、バイパスは英語で「bypass」と書きます。「by」とは「付随的な」「間接の」「内密の」などの意味の連結形であり、「pass」には「通る」「通過する」などの意味があります。直訳すると「間接的に通過する」というように訳せます。つまり、主要道路に付随して存在する道路なわけです。

　言葉のうえでは、通過交通のために付随的に設けられるバイパスですが、建設後しばらくしてみると、その沿道に新しい町並みができて、もとの道路顔負けの主役になったりすることがよくあります。これによって、まちの様子が一変するのですから、その役割や建設区間の決定は、綿密な調査と慎重な議論を踏まえて行われていることはいうまでもありません。バイパス路線は、住宅や商業施設が高い密度で発達している都市部では適地を見つけることがなかなかむずかしいことから、地下トンネルや高架道路な

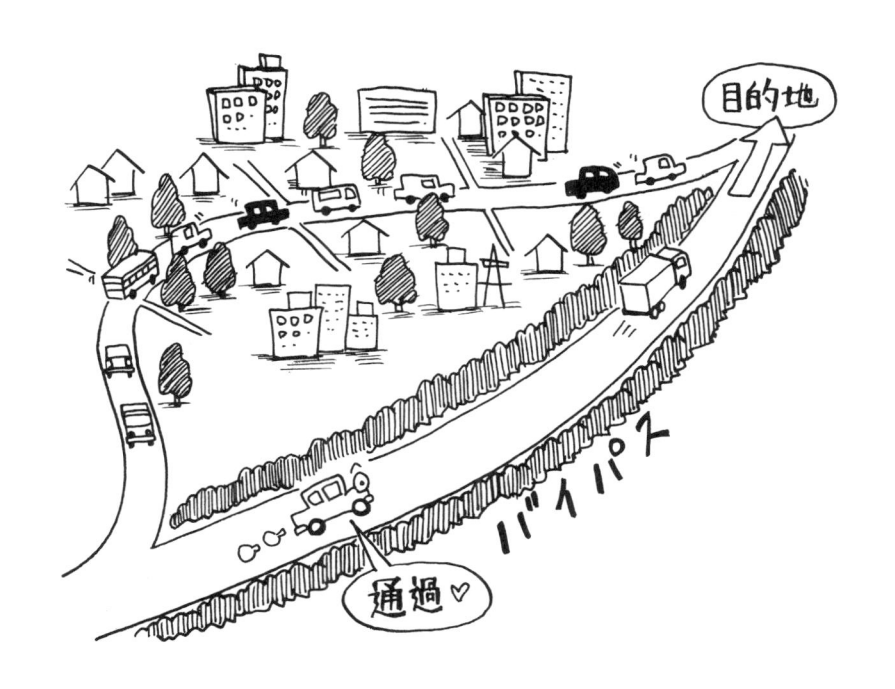

どで狭い空間をうまく使う工夫をすることもあります。
　それでは、このバイパスを最初に考えついたのは誰だったのでしょうか。バイパスの概念の創造者は、紀元前558年頃のペルシャの王ダリウスⅠ世といわれています。彼は、治めた帝国の都市のいくつかを通らない幹線道路を建設し、これと多くの都市を支線でつなぎました。バイパスというよりは、現在の高速道路のようなものだったようです。しかし、いくつかの都市部を通過しない道路という点で現在のバイパスと考え方の基本は同じです。
　バイパスによって交通渋滞が緩和されますが、それに付随して騒音、交通事故や二酸化炭素、大気汚染なども減ることになります。バイパスは私たちの生活環境、地球環境をも改善してくれる大切な道路なのです。

2-7 「高規格幹線道路」や「地域高規格道路」とはどのような道路ですか？

　「高規格幹線道路」は、自動車の高速交通の確保を図るため必要な道路で、全国的な自動車交通網を構成する自動車専用道路であり、昭和62（1987）年6月26日の道路審議会の答申に基づき1万4000kmの高規格幹線道路網が決定されました。

　「第四次全国総合開発計画」(昭和62年6月30日閣議決定)においても、21世紀に向けた多極分散型の国土を形成するため、「交流ネットワーク構想」を推進し、「全国的な自動車交通網を構成する高規格幹線道路網については、高速交通サービスの全国的な普及、主要拠点間の連絡強化を目標とし、地方中枢・中核都市、地域の発展の核となる地方都市及び周辺地域等からおおむね1時間程度で利用が可能となるよう、およそ14000kmで形成する」とされています。平成22（2010）年3月現在では、約9700kmの高規格幹線道路が開通しています。

　一方、全国的な幹線道路ネットワークである高規格幹線道路と、これに次ぐ幹線道路ネットワークである一般国道のサービスレベルには大きな格差があります。このため、高規格幹線道路と一体となって、地域発展の核となる都市圏の育成や地域相互の交流促進、空港・港湾などの広域交流拠点との連結などに資する路線を地域高規格道路として整備を推進しています。

　地域高規格道路は、自動車専用道路もしくはこれと同等の高い規格を有し、60〜80km/hの高速サービスを提供できる道路です。

　地域高規格道路は、次のいずれかの機能を有します。
- 連携機能：通勤圏域の拡大や都市と農山村地域との連帯の強化による地

域集積圏の拡大を図る環状・放射道路
- 交流機能：高規格幹線道路を補完し、物資の流通、人の交流の活発化を促し、地域集積圏間の交流を図る道路
- 連結機能：空港・港湾などの広域的交流拠点や地域開発拠点などとの連結道路

2-8 「シンボルロード」と呼ばれるものはなんですか？

「シンボル」とは、一般的には「象徴」「しるし」「符号」という意味で使われることが多いようですが、まちのシンボルとした場合には、まちの中心にある広場や城・寺院などの建造物、まちから望むことができる山や川などの自然、そのまち並みや地場産業、祭りなど、さまざまなものがシンボルの対象となります。「シンボルロード」とは「地域のシンボルとなる道路」であり、その地域の中心的な位置、多くの人々が利用する場所、沿道に地域を代表する建築物や繁華街があるような地域を象徴する道路のことです。シンボルロードは、長い年月のなかで人々の心のよりどころとなり、物語や詩歌にまでその「通り」がうたわれるようになったりします。

たとえば、都市の顔となるシンボルロードの代表的なものとして、東京都の銀座通り、大阪市の御堂筋、仙台市の定禅寺通り、静岡市の青葉シンボルロード、広島市の平和大通り、福岡市の親富孝通り、長崎市の思案橋通りなどがあります。また、文化遺産を有するシンボルロードとしては、世界文化遺産の姫路城を背景にした姫路市の大手前通りがあります。さらに、祭りやパレード、その他のイベントが催される舞台となる道路として、札幌市の大通り公園（雪祭り）、徳島市の紺屋町通り（阿波踊り）、京都市の四条通り（祇園祭）、福岡市の渡辺通り（博多どんたく）などがあります。そして、シンボルロードの通称名には、神戸市のフラワーロードのほか、新潟市のケヤキ通り、豊橋市のくすの木通りなどのように街路樹の木の名前をつけたものも多いようです。

外国の例では、ニューヨークのブロードウエイ、パリのシャンゼリゼ通り、ロンドンのオックスフォード通り、香港のネイザンロードなどが有名

です。各都市や地方では、道路とそのまち・沿道・住民とが一体となって「シンボル」としての道路空間を時間をかけてつくりあげようとしています。

そのために、日本では美しい風景や景観づくり、道路の機能性と安全性の確保、ゆとりのある歩行空間の確保、各種イベントの開催、地域との協働などのように国や地方自治体が共通コンセプトのもとに協力して、地域の特性を活かした道路空間づくりに取り組んでいます。

2-9 「日本風景街道」とはなんですか？

　「日本風景街道」とは地域の人々と行政が力を合わせて、風景、自然、歴史、文化など、地域の魅力を「みち」でつなぎながら「訪れる人」と「迎える地域」の豊かな交流による美しい景観づくりや魅力ある地域づくりを実現しようとする取組みのことです。日本風景街道は、「地域の資源」「活動する人たち」「活動内容」「活動の場」から構成されるもので、それらを総称して風景街道といいます。具体的な活動例を挙げると、清掃活動、花植え活動、観光メニューの創出、イベントの実施、周遊バスツアー、景観を阻害する看板の撤去、まちづくり勉強会など道をテーマとしたさまざまな活動が全国で行われています。

　「シーニックバイウエイ」は、1980年代後半にアメリカで提唱、法令化されたもので、「Scenic（景観の良い）」と「Byway（わき道、寄り道）」を組み合わせて名づけられました。日本では、日本風景街道のことを「シーニックバイウエイ・ジャパン」とも呼んでいます。

　これまでのわが国の道路は、高度経済成長を背景に、単にもの・人を運ぶ機能を有する「道具」として着実な整備が進められてきました。そのため、沿道空間との関係をもちつつ人・文化の交流空間あるいは生活空間となっていた道本来の役割が忘れられるとともに、美しさ、景観、味わいなどのニーズは優先されてきませんでした。

　一方、近年の行政では美しい国づくり政策大綱や景観緑3法、観光立国行動計画の制定など、景観向上や地域主体の街道空間づくりを支えるための法制度が整備されつつあります。また、道路の分野にかかわらず、社会貢献に対する意識の高まりや行政と地域の連携など、地域住民などが社会

参加を行う機運も高まっています。さらに、近年のわが国における観光形態は団体から個人へと主流が移り、旅行者が求めるものは多様化し、また、マイカーの利用が増加しています。

このような状況のなか平成17（2005）年に「日本風景街道戦略会議」が設立され、道の機能の多様化や地域資源の有効活用等の視点に基づき、地域が主体となって都市部や郊外部などそれぞれの特徴に応じた美しい街道づくりを支援する仕組みや体制の構築が図られました。

平成19（2007）年からは日本風景街道を国民的な運動として全国に展開することを目的に、地方ブロックごとに設置された「風景街道地方協議会」が風景街道の募集を受け付け、順次登録を行っています。

平成22（2010）年11月現在では、全国で120のルートが風景街道として登録されています。今後は世界に対して発信できるような質の高い風景については、重点的な広報などの支援が重要と考えられており、このため支援にふさわしい風景街道を評価するための枠組みが構築される予定です。

2-10 国道でも車が通れない区間があるのですか？

　国道は日本国内を網の目のように走っていて、人の体でいうと血管にあたるものです。幹線道路のことを「動脈」と呼んだりするのを聞いたことがありませんか。

　日本列島を結ぶ国道の一部を紹介すると、国道1号は東京都日本橋を起点として大阪市梅田新道まで（761km）、国道2号はそこからさらに西へ北九州市まで（671km）、さらに九州を鹿児島市まで南下するのが国道3号（460km）です。最も長い国道は日本橋から青森市までの国道4号（868km）、国道5号は北海道函館市から札幌市まで（297km）です。ただし、長さはバイパスやトンネルなどが整備されると変化します。

　一方、日本で最も短い国道は神戸市内にある国道174号です。国道2号から分かれる神戸港までのわずか187mの区間で、歩いても3分足らず300歩ちょっとの長さです。次に短いのは山口県岩国市内から空港までの国道189号で372m、そしてその次が東京の芝から東京港までの国道130号で482mなどとなっています。

　「道路法」では、重要な港湾や空港などを連絡する道路が一般国道として指定される基準の1つとなっていることから、このような短い国道も生まれているのです。長さの違いはあっても、たいていの国道は車が通れるように整備されていて「動脈」としての役割を果たしています。

　ところが、青森県津軽半島の国道339号には、一部分が階段になっているところがあります。車はもちろん通れませんが、珍しさから今では観光名所になっているようです。

　しかし、一般国道459路線のうち37路線で自動車の通行ができない「不

通」区間があるようです。このようなところは山地部で峠道のところが多く、地図にはあるが「開かずの国道」「幻の国道」「点線国道」とも呼ばれたりします。たとえば、国道152号（長野県地蔵峠）、国道305号（福井県菅谷峠）、国道339号（青森県竜飛崎灯台の階段）などです。

これとは別に、459路線のうち24路線の国道の一部が海の上になっているのは驚きです。これは、橋や海底トンネルはなくても、フェリーボートなどによって道路と道路とを結ぶ1本の交通系統としての機能があると判断できれば、国道とすることができるからです。

たとえば、国道58号は鹿児島市を起点として、途中奄美大島を経由して沖縄県那覇市を結ぶ道路です。ほとんどの区間が海上で、車は通行できません。島国日本ならではの、「海の上の国道」とでもいっておきましょうか。

2 道のいろいろ

2-11 「道の駅」とはなんですか？

　これまでの道路整備は、車がスムーズに流れることを重点に置いて進められてきました。そのため、駐車や休憩ができるにぎわいの場といった「たまり」の役目については大きく立ち遅れてしまいました。

　近年、マイカーによる長距離ドライブが増え、女性や高齢者のドライバーが増加するなかで、高速道路のサービスエリアのように一般道路にも安心して自由に立ち寄ることができ、利用できる快適な休憩のための「たまり」空間が求められています。

　一方、地域においては活力ある地域づくりのために沿道地域の文化、歴史などを紹介し、特産物などを宣伝して個性豊かなサービスを行う場が求められています。道路の休憩施設が地域の個性あるサービスを行うことにより、地域色豊かなにぎわいのある空間ができあがります。さらに、このような空間ができることによって周辺のまちが手をつなぎ、共同で朝市などのイベントを開催するなど、地域のつながりが強くなることも期待されます。

　こうしたことを背景として、道路利用者のための「休憩機能」、道路利用者や地域の人々のための「情報発信機能」、そして地域と地域とが手を結び活力ある地域づくりを共に行うための「地域の連携機能」の３つの機能を併せもつ休憩施設として「道の駅」が誕生しました。道の駅という名は、昔、旅人が馬や駕籠などを乗り換え、いろいろな情報を得、休憩する場所を「駅」と呼んでいることに由来します。今日、駅といえば鉄道の駅を思い浮かべやすいので、道の駅としたのです。

　道の駅には、誰もが安心して利用できる駐車場やトイレ、地域の伝統的

な食事を楽しむことのできるレストラン、地域の特産品・工芸品を見たり、買ったりすることのできる施設、周辺の観光施設の案内や道路交通に関する情報提供など多くの人々に親しまれるように、地域独自のアイデアが活かされています。

　また、道の駅の新たな役割として災害時の拠点施設としての機能も期待されるようになっています。平成16（2004）年の新潟県中越地震では、救援部隊に駐車場やレストランを開放し、おにぎりも提供されました。被災された方の避難場所や給水車の基地にもなり、炊出しや温泉施設の無料開放なども行われました。

　道の駅が全国に広がり、海外にもその良さが理解され、日本と同じような道の駅が見られるようになりました。

2-12 「標識」にはどんなものがあるのですか？

　わが国では、むかしから街路の辻（十字路）、街道の分岐点に道しるべや街道の一定距離ごとに一里塚が設置されてきました。これらは、現在の道路標識に相当するもので、目印や方向などを示す情報伝達手段として必要とされてきました。

　現在の道路標識は、大きく分けて案内標識、警戒標識、規制標識、指示標識の4種類があります。

- 案内標識：目的地・通過地の方向、距離や道路上の位置を示す3種類（右図参照）があります。
- 警戒標識：運転の注意を促します。
- 規制標識：禁止、規制、制限などの内容を知らせます。
- 指示標識：通行するうえで守る必要のある事項を知らせます。

　案内標識および警戒標識は、主に国土交通省、都道府県、市町村など道路管理者が設置します。規制標識および指示標識は、主に都道府県公安委員会が設置します。

　補助標識は本標識の意味を補足するために設置されます。なお、標識の柱には設置者を示すラベルが貼ってあります。

　案内標識は外国人にもわかるように、日本語とローマ字の両方を表示することにしています。地名などの固有名詞はヘボン式ローマ字で、山や川などの普通名詞は英語で表示しています。

道路標識の種類

目的地の方向や距離・路線名・路線番号など経路を案内する標識

都府県・市町村の境界や地点を案内する標識

道路の施設を案内する標識

案内標識の種類

2 道のいろいろ

道路をつくる、環境を考える

　人や車が安全で円滑に、さらには快適に通行できる道路、人や自然にやさしい道路、お年寄りや身体の不自由な人も安心して利用できる道路、そんな道路をつくるための決まりや工夫のいくつかを問いにしてみました。無造作につくられているように思われがちですが、道路をつくるには道路の通過している地域や環境のこと、道路の幅、車線数、勾配、曲線のかたちなどを慎重に考えたりと、いろいろな苦心があるのです。

3-1 道路はどのような手順でつくるのですか？

　一般的に、道路建設は調査→計画→設計→工事の順序で行われます。以下にそれぞれの内容と手順について説明します。

● 調査

　道路交通の現状を調査するために、約5年ごとに道路交通センサスが実施されています。また、地域の渋滞状況や事故の状況調査をもとに、国や自治体が中心となって道路網の整備計画がつくられます。

　次に、新しい道ができたときの交通量の変化を計算し、所要時間の短縮など経済的な効果を推計します。このとき、将来の交通量には人口の推移も考慮にいれています。道路が建設されたときの経済効果と建設費用を比べ、建設費用に見合うだけの経済効果が得られるかどうかを確認したうえで、事業実施の是非が判断されます。

● 計画

　道の特性や交通量から、必要な車線数や規制速度、インターチェンジの箇所など、道路の基本的な構造を決定します。このとき、事業の規模により法律で動物や植物や騒音など自然・周辺環境への影響を評価する環境アセスメントが義務づけられています。道路を建設するための土地を取得するために事業者はその土地を購入しますが、事業認定という手続きにより、必要に応じて事業者は土地を収容することも可能となります。

　事業を進める段階では、基本的な道路構造や机上検討した路線計画について地元住民に説明会を行ったり、PI（Public Involvement）といって、市民の意見を聴取する方法も取り入れられています。

● 設計

(1) 調査　(航空写真)　パシャ

(2) 計画

(4) 工事　ガー

(3) 設計　ボンッ　難しい！

　具体的なルートが決まれば、まず設計に必要となる地形、地質、地下水などの調査を行います。
　道路の構造物には盛土や切土、橋、トンネルなどがあり、調査結果をもとに、最適な形式が検討されます。形式検討では工事費用だけでなく、施工のしやすさ、環境への影響や景観、将来の維持管理まで考えて最適な形式を決定します。工事費用が安い盛土や切土が基本となりますが、川や山岳地では橋やトンネルが多く採用される傾向にあります。
　決定された形式について、構造計算や地震に対する安全性を検討して詳細な設計を行い、設計図面を作成します。
●工事
　設計された道路、橋、トンネルなどの図面をもとに、図面どおりにできているかなどを確認しながら工事を行います。近年では、レーザーなどによる計測やコンピューターによる自動制御など、高度な施工技術が開発されています。

3-2 道路をつくり管理するのに必要な財源はどうしているのですか？

　道路には、誰でも無料で利用できる一般道路と東名高速、名神高速などの有料の道路があります。

　一般道路の整備と維持管理は一般道路事業と地方単独事業に区分されますが、一般道路事業のうち国（地方整備局等）が実施する直轄事業と地方自治体が実施する補助事業はともに国費と地方費（地方自治体が負担する経費）が財源です（直轄事業のうち維持管理費は国費のみ）。地方単独事業は地方費のみで実施されます。

　この国費、地方費ともに国または地方自治体の税金が財源ですが、ガソリン税、軽油引取税、自動車取得税などの税は昭和29（1954）年から平成21（2009）年3月までは道路を建設し、維持管理するためのみに使われ道路特定財源といわれていました。道路の建設、維持管理に必要な費用は、道路を利用して利益を受ける人が負担すべきという考え方です。鉄道を利用する人が運賃を払うのと同じ考え方です。

　平成21（2009）年4月に、自動車関連諸税は道路以外の目的にも使える一般財源化されました。アメリカは、現在も道路特定財源制度があります。イギリス、フランス、ドイツは、かつてはありましたが、現在では廃止または道路以外の交通分野に使途が拡大しています。

　有料道路には、東名高速、名神高速などの高速道路、首都高速などの都市部の高速道路および地方の道路があります。これらの道路の建設、維持管理に約1.3兆円（平成20（2008）年度当初予算）が使われています。この財源は、主に通行料金によりまかなわれています。

　第二次世界大戦後、復興の時期に自動車台数が急増し、道路を急ピッチ

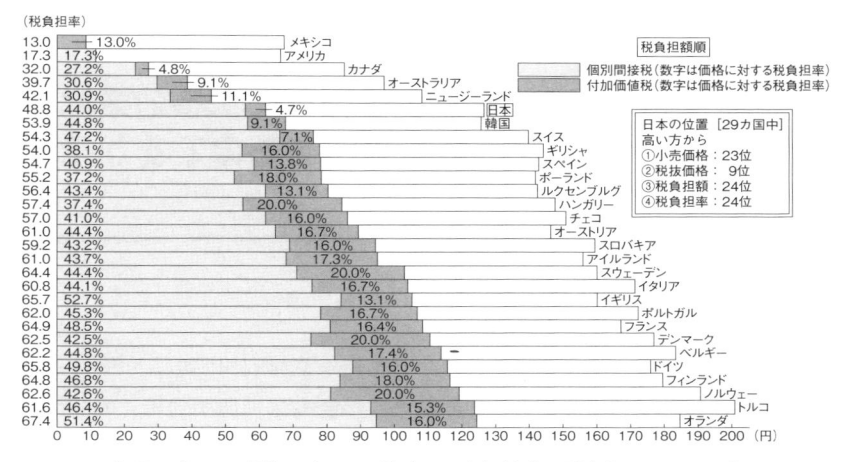

各国のガソリン価格とガソリン税（2009年）（出典：財務省ホームページ）

税負担率		国
13.0	13.0%	メキシコ
17.3	17.3%	アメリカ
32.0	27.2% 4.8%	カナダ
39.7	30.6% 9.1%	オーストラリア
42.1	30.9% 11.1%	ニュージーランド
48.8	44.0% 4.7%	日本
53.9	44.8% 9.1%	韓国
54.3	47.2% 7.1%	スイス
54.0	38.1% 16.0%	ギリシャ
54.7	40.9% 13.8%	スペイン
55.2	37.2% 18.0%	ポーランド
56.4	43.4% 13.1%	ルクセンブルグ
57.4	37.4% 20.0%	ハンガリー
57.0	41.0% 16.0%	チェコ
61.0	44.4% 16.7%	オーストリア
59.2	43.2% 16.0%	スロバキア
61.0	43.7% 17.3%	アイルランド
64.4	44.4% 20.0%	スウェーデン
60.8	44.1% 16.7%	イタリア
65.7	52.7% 13.1%	イギリス
62.0	45.3% 16.7%	ポルトガル
64.9	48.5% 16.4%	フランス
62.5	42.5% 20.0%	デンマーク
62.2	44.8% 17.4%	ベルギー
65.8	49.8% 16.0%	ドイツ
64.8	46.8% 18.0%	フィンランド
62.6	42.6% 20.0%	ノルウェー
61.6	46.4% 15.3%	トルコ
67.4	51.4% 16.0%	オランダ

個別間接税（数字は価格に対する税負担率）
付加価値税（数字は価格に対する税負担率）

日本の位置 [29カ国中]
高い方から
①小売価格：23位
②税抜価格：9位
③税負担額：24位
④税負担率：24位

で建設しなければなりませんでしたが、その財源が不足していました。そこで、銀行などからの借入金で道路の建設の費用をまかない、完成後に通行料金を徴収して借入金の返済、維持管理の費用に当てる有料道路制度が昭和27（1952）年に創設されました。この制度により、昭和38（1963）年に日本で最初の高速道路として名神高速の一部の区間が開通し、以降急ピッチで有料道路が建設され、平成19（2007）年時点で7400kmの高速道路を含み合計約1万300kmの有料道路が日本全体で供用されています。

平成22（2010）年度に高速道路の地方の区間、約1600kmの通行料金を無料とする高速道路無料化が試験的に行われました（社会実験といわれました）。その目的は、物の輸送コストを引き下げて、地域の経済を活性化することです。

これからは、少子化、高齢化により税収が減るなかで必要な公共施設の建設、既存の施設の維持管理や更新を行っていかなければなりません。1つの解決策として、民間資金の活用があります。平成22（2010）年6月に政府が決定した新成長戦略（経済を成長させるための方針）のなかで、民間資金を活用したPFI（Private Finance Initiative：公共施設整備）事業の推進がうたわれています。道路の建設、管理においてもPFI事業が期待されています。

道路を整備することによる効果は、どのようなものがあるのですか？

3-3

　道路の整備によって生まれる効果は、道路を直接利用する人が受ける効果「直接効果」と、広く社会一般が受ける波及効果「間接効果」の2つに分けることができます。

　直接効果には、目的地までの移動距離の短縮や交通混雑の解消などによって得られる「走行時間短縮効果」、走行速度の向上による燃費の改善などで得られる「走行経費節約効果」、より安全な道路に交通が転換することで得られる「交通事故減少効果」があります。これらの3つの効果については、「便益」として金額に換算することができます。この便益と道路建設に必要な「コスト」の比率「費用便益比」は、新たな道路整備の必要性を判断する場合の目安として用いられます。そのほかにも、直接効果には移動の定時性確保、走行快適性の向上、歩行の快適性向上、自転車交通のモビリティ向上などがあります。

　一方、道路整備の間接効果は高速道路から市街地内の生活道路に至るまで、道路の種類や役割によってさまざまです。たとえば、高速道路などの広域的な道路には次のような効果があります。

●生産コスト低減・生産力拡大：物流コストの大部分を占める輸送費の縮減やドライバーの労働時間の短縮により、輸送・生産過程の合理化と生産力の拡大につながります。

●地域開発の誘導：交通立地条件が向上することで企業の立地が促進されるとともに、雇用機会の創出につながります。

●地域間の交流・連携の強化：時間圏域の拡大に伴う商圏の拡大や観光客の増加など、地域間の交流や連携の強化につながります。

●救急医療体制の強化：救急患者の救急病院への搬送時間の短縮、安静搬送が可能になるとともに、高度な医療サービスの提供機会が拡大します。
●環境の改善：騒音・振動や排気ガスの影響が大きい既存の道路から交通が転換することで、沿道環境が改善します。また、渋滞の解消による二酸化炭素（CO_2）排出量の削減効果も生まれます。

一方、市街地内の幹線道路や生活道路の間接効果には、次のような効果も含まれます。
●市街地の形成：道路のない場所に建物は建てられないことから、道路の整備は都市の骨格の形成や沿道立地の促進につながります。
●市街地のアメニティー向上：道路空間には、沿道の日照や通風を確保するとともに緑化スペースを提供するなど、市街地のアメニティーを向上させる効果があります。
●防災機能の向上：市街地内の幹線道路には、大規模な火災発生時に延焼を防止する効果があります。
●収容空間の形成：電気、ガス、上下水道などのライフラインは、すべて道路空間を通って供給されます。また、地下鉄などの交通施設を収容することもできます。

3-4 将来の交通量はどのように推計するのですか？

　交通は、人やものの移動に伴って発生するものであり、それ自体が目的である場合よりは、別の目的の必要から生じることがほとんどです。
　このため、将来の交通需要の推計は現在の交通量の増減といった量的な変化のみに留まることなく、近年の交通動向は質的・量的にどうなっているのか、その背景となる交通量に変動を及ぼしている社会・経済指標などは何か、それらは将来どのような傾向になることが見込まれるのか、といったことを踏まえた推計モデルが構築されています。この際、「人の移動（乗用車）」と「ものの移動（貨物車）」とではその内容が大きく異なっていることから、それぞれで整理、分析、モデル構築などが行われています。
　人の移動（乗用車）の将来推計は、全国の将来人口や現状の調査結果に基づき、1台あたりのトリップ数や1台あたり平均利用距離などの変化から推計します。
　ものの移動（貨物車）の将来推計は、軽貨物車とそれ以外で傾向が異なることから、区分して推計します。軽貨物車については、将来人口に人口あたり軽貨物車輸送トン数を乗じることにより、将来輸送に用いられるトン数を推計します。軽貨物車以外は、将来GDPに基づいて貨物の高付加価値化や自営転換の進展などの変化から推計します。
　これらの将来推計に用いる全国の将来人口や将来GDPは、次のように定められています。全国の将来人口は、国立社会保障・人口問題研究所による推計値（出生中位、死亡中位）の最新値を用います。
　将来GDPは、最新の実質GDPの政府見通しに、直近10年間の実質GDPの平均変化量を加算して予測された推計値を用います。

推計手順は、全国の将来の走行台キロ、自動車保有台数を推計し、関東、中部、近畿といった地域ブロック単位での自動車交通の流動を推計し、次に都道府県単位に細分化、最終的にはおおむね市町村単位に細分化します。

　各路線の将来配分交通量は、将来OD表と将来道路網を用いて推計します。将来OD表は、地域間を行き来する自動車交通の流動量を表に整理したものです。将来道路網は、現在の都道府県道以上の道路網を基本に、高速道路については高規格幹線道路の計画など、都市計画道路については各自治体の長期計画などに基づき設定した道路ネットワークです。

　将来の交通量の推計は、道路計画におけるネットワークや道路構造を決定し、道路が提供するサービスや採算性などを評価するための重要な根拠であることから、これまでも新たな知見を取り入れ、より信頼性の高い推計方法とするため改良を重ねており、今後も継続的に改善を図っていくことになっています。

3　道路をつくる、環境を考える

3-5 道路をつくるとき自然や環境のことはどのように考えているのですか？

　道路の建設を行うにあたっては、環境を保全し、環境との調和を図ることが重要です。この環境には、人々が良好な生活を営むための「生活環境」や動植物の生息・生育といった「自然環境」などがあります。

　道路は、私たちの生活にとってなくてはならないものですが、これをつくるときには多かれ少なかれ現状の環境に手を加えなければなりません。こうしたことから、道路をつくるときには、さまざまな方法で環境への配慮を行っています。

　まず、私たちの生活環境への配慮についてですが、道路というとすぐに自動車公害が心配になります。自動車による騒音や排気ガスから私たちの生活を守らなければなりません。そのため、住宅地の近くを通り交通量の多い幹線道路では、騒音対策として道路の端に壁をつくって音をさえぎることを行っています。特に、都市内では道路そのものを地下につくることもあります。

　また、良好な居住環境を保つ必要がある地域では、道路の端から10～20ｍの幅に樹木を植え緑化を行ったり歩道を設けるなどして、自動車公害から生活を守るとともに緑豊かな潤いのある生活環境を生み出したりしています。

　次に自然環境への配慮では、特に山岳部の道路建設では大規模に山を切り開き谷を埋めることにより、貴重な植物を踏み荒したり動物のすみかや通路の「けもの道」を奪ってしまうことがあります。こうしたことをできるだけ避けるようなルート選定を行ったり、橋やトンネルにして影響を小さくするなどの配慮をしています。

それでもやむなく貴重な動植物種などの生息地を通過する場合には、野生動物が安全に道路を横断できるようなけもの道や小動物が脱出できる「側溝」をつくったり、あるいは谷を埋めた道路斜面に周辺と同じ種類の「樹木」を植えるなどの配慮が近年行われるようになりました。また、都市部などのように自然が少なく動植物の生活する場所が不足している地域では、道路の斜面や「道の駅」などの用地を利用して、「緑地」をつくったり「水辺」をつくることによって、動植物のための空間を生み出しています。
　このように、自然界の仕組みを理解し、生態系全体に配慮した工夫が進められています。道をつくるためにさまざまなことを考えなければなりませんが、ここに述べたように、生活環境や自然環境への思いやり、これらとの調和ということにも十分な配慮をして事業が進められているのです。

3-6 道路をつくるとき、周りの景色のことはどのように考えているのですか？

　私たちは、日常生活のなかでさまざまな風景を見ています。ときには、ある風景を見るために、何時間もかけて現地に行くこともあります。優れた風景を保全したり整備したりするなど、風景をひとつの価値として注目するとき、その風景のことを景観と呼びます。

　道路を利用しているときは、まち並や山々などの道路内からの風景が主な景観の対象となります。このような場合を「内部景観」と呼んでいます。これに対し、ビルの上や展望台などの道路の外から道路を含んだ周辺の施設を見る場合を「外部景観」と呼んでいます。また、道路で立ち止まっている場合など、固定的な視点による景観を「シーン景観」、自動車などで移動している視点から連続して変化する景観を「シークエンス景観」と呼びます。

　このように、道路の景観は視点や移動する速度などにより、それぞれ異なることが大きな特徴です。道路をつくるうえでは、土地利用など周辺との関連性のほかに、このような道路景観の特徴が考慮されています。

　自然が豊かな地域では、自然自体が優れた景観を形成している場合が多く、道路がつくられたことで優れた景観を損なうことがないように注意する必要があります。そこで、大きな切土の発生を抑え、植生や動物などの生息環境に対する影響を少なくするため、トンネルや橋を用いることがあります。また、適当なカーブ区間、トンネル入口部分のデザインやダイナミックな形式の橋など、道路そのものを景観として見せる工夫も行います。

　市街地部では、まちのメインストリートや歴史的まち並みがある場所での通りなど、道路をつくる場所の特性と道路に求められる役割に応じて道

路景観づくりを行います。

　メインストリートでは、沿道の建物と一体になって「都市の顔」となる風格が備わるようにします。また、歩道を広くしたり、樹木を植えてベンチを置き休憩や待合せをしやすくしたりするなど、道路を利用する人びとにとって快適でくつろげるようにします。

　歴史的まち並みがある場所では、まち並みそのものが優れた景観資源であるため、それに道路がとけ込むように工夫をします。たとえば、舗装や防護柵などの道路の構成要素について色や素材を工夫するほか、モニュメントを設置するなど、道路の景観づくりにあたってまちに古くから根づいているモチーフを用いたりしています。

3-7 道路の幅や車線数はどのようにして決めるのですか？

　道路の横断面の構成要素は、右図に示すように車道、中央帯、路肩、停車帯（車道の一部）、自転車道、自転車歩行者道、歩道、植樹帯、副道（車道の一部）などで構成されています。構成要素の組合せは、道路ネットワークの特性や交通の状況（自動車交通量、設計速度、歩行者・自転車交通量など）、沿道状況（沿道施設とのアクセス機能や停車、修景や緑化などの環境空間など）を考慮して決められます。

　各構成要素の幅員（はば）は、構成要素の目的（車道は車両の通行する部分、路肩は車両の通行に必要な側方余裕など）と、道路の種類、交通量、設計速度などから決める必要があります。そこで、道路構造令では道路の構成要素のそれぞれの幅員について標準値が定められています。たとえば、車道を構成する車線幅員はおおむね一般国道では3.0～3.5m、高速自動車国道では3.5mとなっています。また、自転車道の幅員は2.0m以上、自転車歩行者道の歩行者が多い場合は4.0m以上（その他は3.0m以上）、歩道の歩行者が多い場合は3.5m以上（その他は2.0m以上）となっています。

　道路の総幅員は、構成要素のそれぞれに必要な幅員を確保し、これらの合計により決められます。現道を改良する場合には、限られた総幅員のなかで重視すべき機能を踏まえて構成要素の幅員を調整する必要があります。

　車線数は、道路構造令に定められた設計基準交通量（道路の構造条件や交通条件などから定めた、1日に通すことのできる交通量）と、計画交通量（1日に通行すると推定される交通量）との対比により決定されます。た

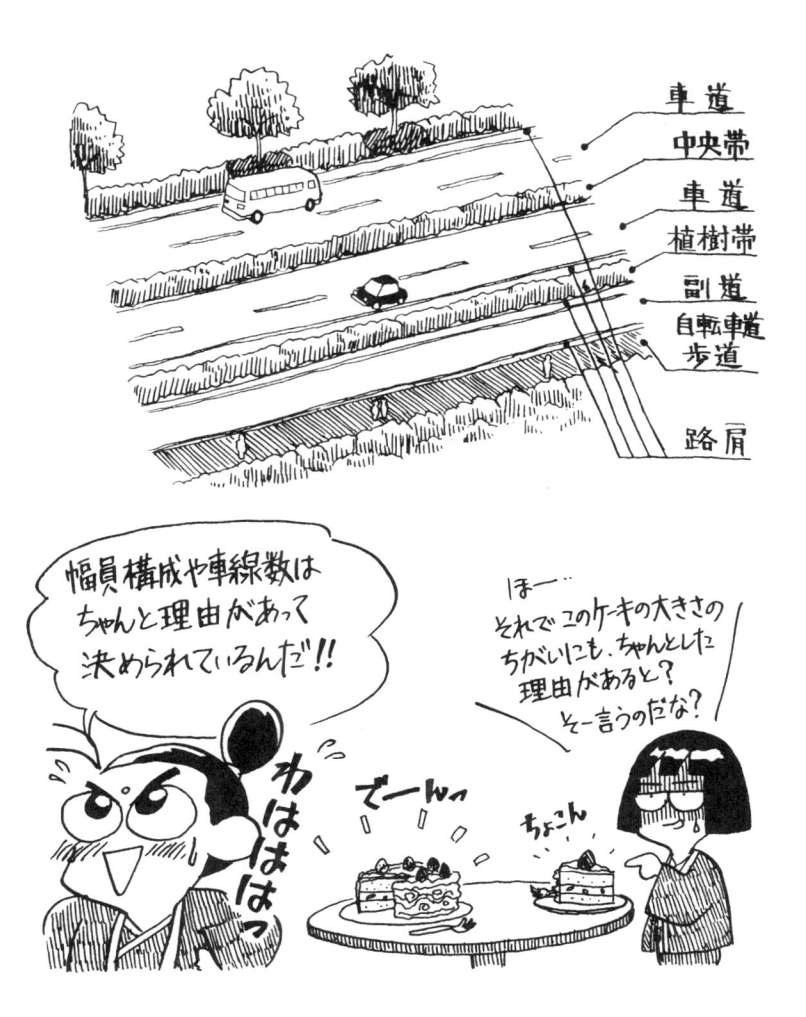

とえば、計画交通量が設計基準交通量以下である場合は、往復合わせて2車線となります。設計基準交通量以上となる場合は、4以上の偶数（4、6、8、……）とすることを基本とします。ただし、往復の方向別の交通量に大きな差がある場合には5以上の奇数車線にしたり、都市内の交通混雑対策として広幅員2車線道路を3車線に改築したりする場合もあります。

3 道路をつくる、環境を考える

3-8 道路をつくるときの速度や制限速度はどのようにして決めるのですか？

　道路は、「道路構造令」で定められた設計速度でつくられています。また、そこを通行する車の速度は別に「道路交通法」により速度規制がなされ、ドライバーはこれを守ることが義務づけられているのです。

●設計速度

　設計速度は、道路の幾何構造（車道の幅、カーブの大きさ、カーブの区間の道路の傾き、上り・下り勾配など）を決めるための基本となる速度です。道路の種類とその道路を利用する自動車交通量に応じて、道路構造令ではおおむね次のように定められています。

　　自動車専用道路：地方部；120〜50 km/h、都市部；80〜40 km/h
　　一般道路：地方部；80〜20 km/h、都市部；60〜20 km/h

　これは、自動車が曲線部（カーブ）を走行する際に、遠心力により外側にすべろうとするため、安全性や直線部での自動車の制動停止距離などを考慮して決められたものです。設計速度が高い道路ではカーブや勾配は緩やかになり、低い道路では小さなカーブや急勾配が多くなります。

　また、頻繁に速度が変わると運転者が混乱し、安全性、快適性が損なわれるため、同じ設計速度の区間がおおむね10 kmより短くならないようにしています。

●速度規制

　速度規制は、道路での危険を防止し道路を安全で円滑に利用でき、周辺地域の生活環境を保全するために必要なものです。道路交通法により法定速度と指定速度の2通りの方法で定めており、一般ドライバーが守るべき交通法規としています。

法定速度は、法により道路と車両の種類ごとの最高速度と最低速度を定めたもので、指定速度は公安委員会や警察署長などが道路標識などで最高速度、最低速度を指定したものです。道路標識などによる指定のない道路では法定速度が適用されます。

　ちなみに、法定の最高速度は一般の道路で基本的に60km/h、高速自動車国道で100km/hとなっています。一般の道路でも、バイパスなど自動車の走行性を重視した道路では80km/hまでの最高速度とすることができます。

　指定速度は、状況に応じてそのつど見直される速度です。たとえば、同じ道路でも急カーブが続くところでは低く設定されていますし、霧の多発地域や積雪地域では天候に応じて変えています。

3　道路をつくる、環境を考える

3-9 道路の路線位置(ルート)はどのようにして決めるのですか?

　道路の路線位置(ルート)を決めるにあたっては、安全で快適なドライブができるか、経済的、技術的に優れているか、地域の土地利用や環境に配慮しているかなどについて十分検討します。
　具体的に説明すると次のような手順になります。
- 道路の種類の決定:路線の指定および認定は、「道路法」に従って行われます。

　この道路法による道路の種類には、「高速自動車国道」「一般国道」「都道府県道」「市町村道」の4つがあります。これらは全体的な道路網における重要性、役割によって決められます。
- 道路の設計条件の決定:道路の種類、予想される利用台数が決まると、「道路構造令」に基づいて、通過する地域の地形などから設計速度、幅員などを決めます。

　設計速度が決まるとカーブの大きさ、勾配などの設計条件が決まります。
- コントロールポイントの抽出:地形図、都市計画図、文化財、生物分布図、植生図などの調査資料を使って、道路が通過する地域の重要物や貴重物の存在する場所、地域の環境が著しく悪くなる場所、高い工事費が必要となる場所などを抽出します。

　このような場所をコントロールポイントといいます。コントロールポイントには、以下のようなものが考えられます。
　集落、風致地区、神社・仏閣、墓地など
　学校、病院、役所などの公共施設

貴重動植物の生息・生育区域

重要な文化財、国立公園などの特別指定区域

高い山、深い谷、広い川、地盤の悪い所など

- ルートの選定：まず、A地点からB地点を結ぶ場合、地形図上よりコントロールポイントを確認し、道路構造令による曲線、勾配などの基準値をチェックしながらルートを決めていきます。
- 各ルートの比較：考えられる数本のルートを地形図上に描き、ルートを比較します。
- 最適路線の決定：最適路線は、各路線の経済性（事業費）と投資効果（時間短縮やガソリン代の節約、交通事故の減少、環境への影響軽減などの効果）、施工性（工事の難易度）、機能性（平面、縦断線形などの安全性や利便性）、環境影響（生活環境、地形・地質、動植物などの自然環境への影響）などについて総合的に評価したうえで決定されます。

3　道路をつくる、環境を考える

3-10 道路をつくるときに私たちの意見を取り入れてもらえるのですか？

　新たな道路の整備は、人や物の移動がスムーズになるなど、都市や地域に対してさまざまな効果をもたらしますが、一方で立退きが生じたり沿道環境の悪化が懸念されたりと、そこに住む人々の立場によっては歓迎されないこともあります。

　このため、事業を進める段階になって建設反対運動が生じ、道路の供用が大幅に遅れてしまう場合があります。

　こうした紛争が生じる原因の多くが、地域の関係者が知らないうちに事業計画が決定されたケースなど、計画の進め方の問題やボタンの掛違いによるものです。

　このような反省から、近年では計画の早い段階から住民らの関係者に積極的に情報を提供し、コミュニケーションを図りながら関係者の意見を計画に反映する取組みが進められています。

　こうした取組みは、PI（Public Involvement）ともいわれ、環境や市民生活に大きな影響を及ぼすおそれのある道路の計画など、さまざまな利害が対立し、早い段階からの合意形成を必要とするような計画に積極的にとり入れられています。

　道路の計画づくりの最初の段階である「構想段階」では、おおむねのルートの位置や基本的な道路構造など概略計画について地域関係者への情報提供と意見収集を行い、計画に反映します。

　その場合、行政のホームページやニュースレターあるいはマスコミを通じて幅広く情報提供が行われ、アンケート調査、公聴会、意見交換会、勉強会、シンポジウムなど、住民が意見を述べる機会にもさまざまな方法が

用いられています。

　また、大規模な道路の建設以外にも、たとえば市街地内の交通安全やバリアフリー化を目的とした道路の改良計画などでも、積極的に住民の意見をとり入れながら、より質の高い道路整備を実現する取組みも進められています。

　その方法の1つに、近年ではワークショップ方式がとり入れられています。ワークショップとは、参加者（地域住民）がグループに分かれて意見を出し合い、そのなかでいろいろな立場を理解し合いながら、よりよい方法をつくりあげていくスタイルです。わかりやすくいえば、「道づくりをその道を使用する地域住民と一緒に考える場」であるといえます。

3-11 道路はどのような構造からできているのですか？

　道路は、通過する地域の地形、地質、気象、動植物などの状況やそこを利用する交通状況を考慮し、交通荷重の通行に対して安全なものであるとともに、安全で円滑な交通を確保することができるものでなければなりません。また、地震、台風などの災害が起きても壊れにくくしておくことも必要です。そのために、盛土・切土や橋、トンネルなど主要な工作物がつくられ、そこに必要な幅員、建築限界、線形、視距、勾配、路面、排水施設、交差または接続、待避所、横断歩道橋、柵、その他安全な交通を確保するための施設が設けられて、道路全体が形づくられているのです。

　道路の構造とは、これら全体のことをいいます。道路を新設したり改築するときの構造を決める技術的基準は、地域的なアンバランスを避けるために政令などにより詳しく規定されています。

　ここでは、道路の構造のうち主要な工作物について説明します。これは構造形式ともいわれ、大別すると次のようになります。

- 平面構造：周りの土地とほぼ同じ高さでつくる道路で、多くの道路がこの形式です。整地と舗装とでつくることができるので、工事も簡単で、費用も安くできます。周辺地域からの出入りやほかの道路との接続が簡単にできます。
- 盛土構造：周りの土地より一段高く土を積み上げたり、浅い谷を埋めたりしてつくる道路です。
- 切土構造：丘陵地や山地など起伏の大きい地形で、急な坂道や急カーブを少なくするために地山を切り取ってつくる道路です。区間ごとに盛土構造と交互に組み合わせることが多く、切土した土は盛土区間に転用されま

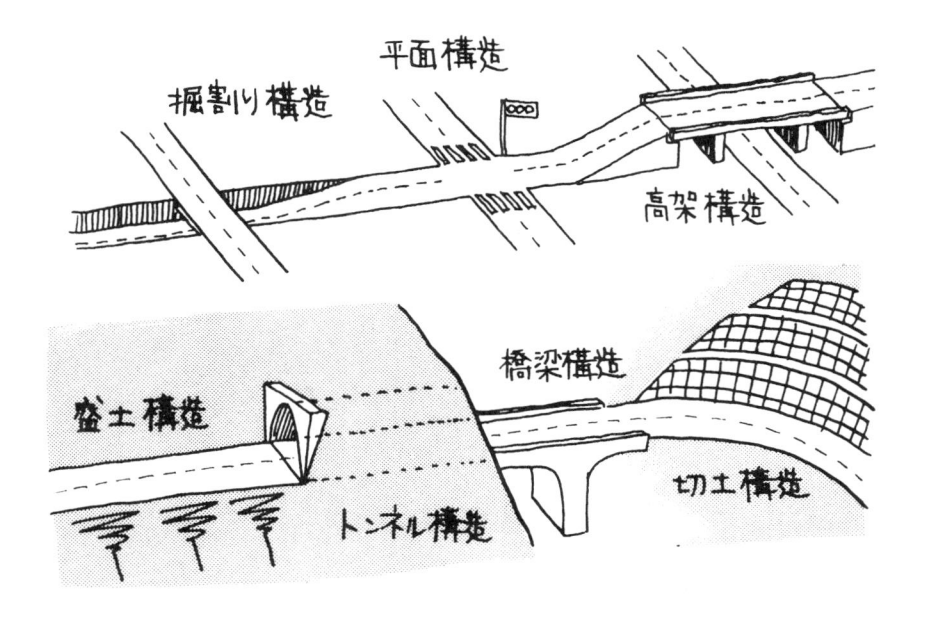

す。
- 橋梁・高架構造：橋とは、道路・鉄道・水路などの上空を通過するための構造物の総称です。谷や河川、湖沼、海峡など水面上を通過するものを「橋」、これら以外の場所で、連続的な橋構造で陸上部を通過するものを「高架道路」や「高架橋」と呼んで区別することもあります。
- 掘割り構造：周りの土地を掘り下げてつくる道路です。鉄道や道路などと立体交差する区間などに見られる形式のものです。車道部を半地下にし、上部を開口した「掘割りスリット構造」などもあります。
- トンネル構造：地下空間につくられる道路で、排気ガス対策技術や防災技術の進歩により長大自動車トンネルが建設されるようになっています。山地部を通過する山岳トンネル、都市部や平地部でつくられる開削トンネルやシールドトンネル、海底を通る沈埋トンネルなど多くの形式があります。

　道路は、これらの構造形式のものを組み合わせたり、使い分けたりして、はじめて一本の道路としてできあがります。

3　道路をつくる、環境を考える

3-12 橋のかたちはどのようにして決めているのですか？

●橋のかたちを決める順番

　道路の計画で橋の位置が決まると、橋のかたちを決めます。橋のかたちは、アーチ橋やトラス橋、桁橋などの形式を決める予備設計、その形式を構成するパーツ（部材）を細部まで決める詳細設計という段階を経て、最終的に工事が行われる橋のかたちが決められます。

●橋のかたちの構成

　橋は、人や車が載る上部工と、それを支える下部工に区分されます。下部工のうち、橋の両端にある下部工を橋台、中間にある下部工を橋脚、その橋台・橋脚を地中で支えている部分を基礎と呼びます。橋台間の全体の距離を橋長、橋脚間の距離を支間長といい、橋脚がない場合には橋長と支間長はほぼ同じになります。支間長が長くなればなるほど、適用できる形式が限られてきます。一般に、支間長の長い順には吊橋、斜張橋、アーチ橋、トラス橋、桁橋の順になります。

　また、橋のかたちを決める重要な要素として橋の材料があります。橋の代表的な材料は鉄とコンクリートですが、最近では新材料としてのアルミニウムやFRP（繊維補強樹脂）などを使った橋もあります。

●橋の形式を決める予備設計

　橋の計画では、橋長・支間長、形式を決定する予備設計が最初に行われます。予備設計では橋を架ける場所（山間部、都市部など）や交差するもの（河川、道路など）に応じて、その場所にふさわしい複数案の橋の形式について比較評価し、最適な形式を決定しています。

　予備設計では、地形や地盤、交差する道路や川、橋の下の利用状況など

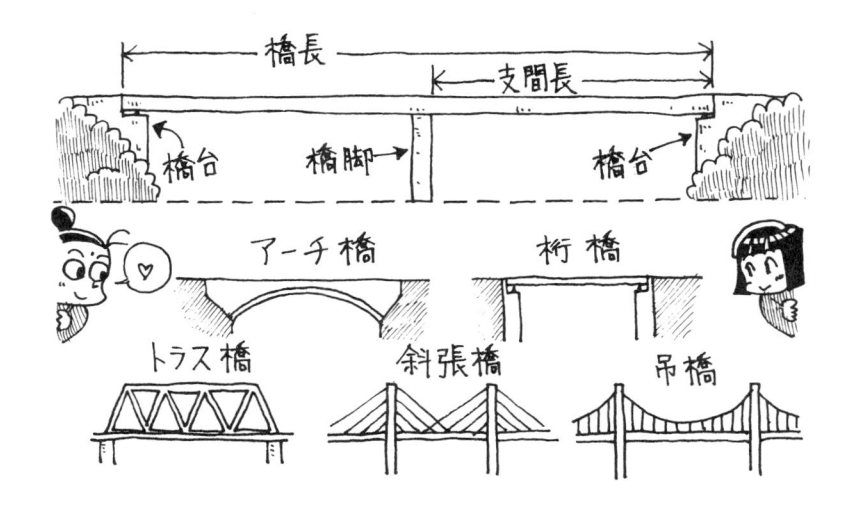

により下部工を設置することが可能な位置を決め、橋長、支間長を決めます。橋の形式の検討では、複数案に対して概略の設計計算を行って、経済性、構造性、施工性、維持管理、美観、環境への影響など、多面的な評価により形式を決定しています。評価項目の内容は以下のとおりです。

　経済性：工事するための初期建設費に加え、最近では将来の維持管理費も含めた費用LCC（Life Cycle Cost：ライフサイクルコスト）で比較
　構造性：大規模地震に強い、振動しにくいなど
　施工性：工事現場の必要な広さや期間、周辺への影響など
　維持管理：維持管理の手間や将来の補修の容易さなど
　環境への影響：橋の景観や完成後の騒音、振動の発生度合など

● 橋の細かいかたちを決める詳細設計

　橋の形式が決まると、工事のための詳細設計が行われます。詳細設計では、橋を構成する部材（パーツ）について、それぞれの橋の特性に見合った形状を決めていきます。最初の段階では今までの実績によりかたちを想定しますが、繰り返し計算を行って最適なかたちにしていきます。このようにして細かいかたちが決まると、工事ができるように形式から部材の細かい部分まで示した設計図面を作成します。

3-13 高速道路のインターチェンジの場所はどのようにして決めるのですか？

　高速道路の整備は、通過する都市や地域の発展や生活利便性の向上に大きく貢献します。高速道路は「出入り制限道路」であり、通常はインターチェンジからしか出入りができません。したがって、その整備効果は、インターチェンジをどこにつくるかによって大きく左右されるといえます。

　では、インターチェンジをたくさん設置すればいいということになるのでしょうか。確かに、インターチェンジの設置箇所が多いほど、利用者は高速道路に乗り降りしやすくなり便利ですが、逆に次のような問題も生じます。ひとつは、インターチェンジの整備や維持管理のためのコストが余分にかかるという問題です。特に、有料道路の場合は料金を徴収するための人件費などで大きな費用がかかってしまいます。また、インターチェンジの設置箇所を増やすと、本線を走行する車両が出入りする車両の影響を受ける頻度が増えるため、高速道路の走りやすさや安全性が低下するといった問題も生じます。

　このため、インターチェンジの計画では、こうしたメリットやデメリットに十分留意し、最も効率のよい配置間隔や配置場所を決定する必要があります。具体的には、次のようなことを考えていきます。

- 大きな都市や工業地帯があるか。
- インターチェンジの配置間隔を変えることで、インターチェンジを利用できる範囲内の人口や利便性はどのように変化するか。
- 主要な道路があるか、また計画してあるか。そして、その道路とインターチェンジとの連結はできるか。
- その地域の将来計画の妨げにならないか。あるいはその地域の発展に貢

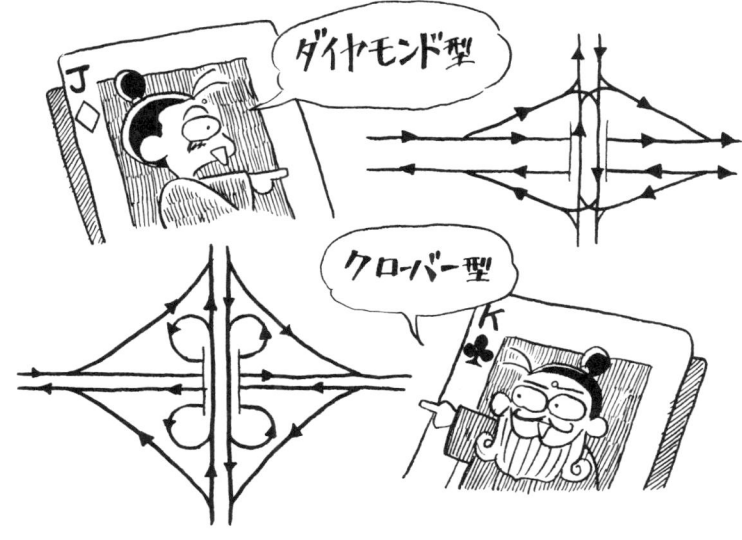

インターチェンジの型式例

ダイヤモンド型

クローバー型

献できるか。
- 重要な港、空港、流通施設、観光地などがあるか。
- 自然・地形や文化財など、付近の環境にどの程度影響するのか。

これらの条件を最初は高速道路のルート全体を眺めながら考え、徐々に検討する地域を絞りながら、より細かな検討を進めていきます。

このようにして決められたインターチェンジですが、時代とともに周辺地域の状況も変わっていき、新たなインターチェンジの必要性が高まってきた地域も現れてきました。また、ETC（料金自動収受システム）の普及が進み、有料道路の料金徴収に要する費用の大幅な低減が可能になってきています。こうしたなか、近年は「スマートインターチェンジ」の設置が進められています。スマートインターチェンジとは、高速道路のサービスエリアやパーキングエリアに、ETC利用車専用の出入り口を設置するものです。この場合、通常のインターチェンジに比べて、建設コストが安くすむとともに、現金利用者のための料金収受員も不要となることから、効率的なインターチェンジの整備形態として注目されています。

3-14 歩行者のための道路はどんな工夫をしているのですか？

　道路は交通インフラとしてだけではなく、生活空間の一部として歩行者が安全・快適に利用できることが必要です。近年は自動車の通行だけではなく、歩行者に配慮し、豊かなまちづくりに貢献できる道路づくりが進められています。

　歩行者のための道路としてまず思い浮かぶのは、歩道です。車道の横に歩行者の通行のために縁石や柵などで構造的に区画し、歩行者と車を分離しています。歩道を車道より少し高い構造にしたり、縁石や柵などを車道側に設置し、車が歩道に乗り上げたり進入できないようにして、歩行者の安全性を確保しています。道路に植えられる街路樹は、車道との分離効果をより高め、歩行者に快適な歩行環境を提供し、まちの景観の向上や騒音やヒートアイランド現象などに対する環境効果も期待されています。

　歩行者専用道路は、歩行者だけが利用することを目的とした道路です。移動の安全性確保の観点だけでなく、スポーツやレクリエーションのために設置された自然歩道やハイキングコースなどもあります。また、交通規制により時間を限って歩行者専用となる歩行者天国のような道路もあります。歩行者天国はイベントやお祭りの場として、地域の活性化に活用されています。駅前などで道路の上につくられた広い回廊はペデストリアンデッキといい、駅前の広場空間や歩行者の移動のネットワークの一部を形成しています。

　一方、道路幅員に限界があり歩道が設置できない道路では、歩行者と車を共存させる「歩車共存」の考え方が導入されます。特に、住宅地などの幅員の狭い生活道路では、幹線道路からの通過交通による交通事故の増加

や環境や景観に配慮した生活空間の確保が求められています。そのため、道路空間を面的な視点で捉え、交通安全対策と道路整備を一体的に進めています。具体的には一方通行化や速度規制などで通過交通をできるだけ排除したり、車道全体をジグザグや左右交互に曲げて車のスピードを抑え、自然にドライバーが歩行者に道を譲るようなゆったりとした速度で通過する工夫を行っています。

多様化する歩行者のニーズに対応し、道路にもさまざまな付加機能が設けられるようになりました。たとえば、高齢者や障害者など、誰もが安心して安全に通行できるように、歩道の幅や段差解消などに配慮したバリアフリー化が進められています。視覚障害者が移動しやすいように視覚障害者誘導用ブロック（点字ブロック）を設置する、初めて来た歩行者が迷わないように案内板を整備するなど、移動を支援するための情報提供が進みつつあります。一定の幅がある歩道には休憩施設やスペースを設け、市民の小休止や地域の人が交流する場を提供している事例もあります。地域のボランティアなどが管理する歩道の花壇は、コミュニティーの再生だけではなく、まちの潤いを形成しています。単に歩行者が通るだけではなく、人が主役となりゆとりのある生活環境、潤いのあるまちづくりへと寄与する道路づくりが進められています。

3-15 日本の道路は完成したのですか？

　「道路」には、里道、私道、農道や林道といった道路もありますが、ここでは一般交通の用に供する道で、道路法で定める道路について考えることにします。

　「道路法上の道路」には、「高速自動車国道」「一般国道」「都道府県道」「市町村道」があり、現在その総延長は約 120 万 km に及びます。

　しかしながら、そのなかには舗装されていなかったり道幅が非常に狭い道路も含まれており、人や車両が安全に通行できる道路の割合は決して多くはありません。また、交通量に対して車線数が不足し、慢性的に渋滞している道路もあり、完成している道路とはいえません。

　不自由なく通行できる道路の割合を表すひとつの指標として「整備率」がありますが、日本の道路は国道でも 50〜60% 程度ですから、日本の道路が完成しているとは言い難いものがあります。

　今、日本では人口減少・少子高齢化が進展するとともに地球温暖化、財政状況の悪化などの課題がありますが、人や物の移動に不可欠であらゆる活動の基礎となる道路交通について安全と安心を確保することは重要です。また、日本の経済基盤を強化し活力を確保するために、国家戦略的な整備が必要な道路があります。

　たとえば国際競争力の強化、産業の振興、観光地・医療施設などへのアクセス向上のための高規格幹線道路のミッシングリンク（未連結区間）の整備、大都市圏の渋滞を解消し都市機能を再生するための環状道路などの整備が必要です。空港・港湾とのアクセス道路を強化して経済競争力を高めることも求められています。

また都市や地域の活性化、安全で安心な交通環境を確保するため「開かずの踏切」の解消などの渋滞対策、公共交通機関の利用促進策、歩道の段差・傾斜の改善などの歩行空間のユニバーサルデザイン（できるだけ多くの人が利用可能なデザイン）の推進、環境負荷の小さい自転車利用環境の整備、まち並みの景観を改善する無電柱化や大規模地震・異常気象時に備えた防災・震災対策なども必要です。

　さらに今後老朽化が激増する橋・トンネルなどの道路施設の安全性を経済的に確保するためには、長期的視点に立った計画的な維持管理も忘れることはできません。

　このように、時代に応じて「道」に求められるニーズは変化します。限られた財源を有効に活用しながら、常に国民のニーズに応えた道を整備していく必要があります。

道路を守る、環境を守る

　直射日光や風雨にさらされ毎日毎日重い交通荷重を支え続ける道路は、傷みもはげしく定期的に修繕が必要です。交通事故などの多発する箇所は、安全に通行できるように改良しなければなりません。大地震や崖崩れなどが発生しても大きく壊れることのないように、強くしておくことも大事です。排気ガスや騒音・振動などで環境への影響が問題となる区間では、その影響を減らすための工夫をしなければなりません。つくりっぱなしではなく、できた後も道路を守り、環境を守るための仕事はたくさんあります。そのなかからの問いです。

4-1 道路の維持や管理はどうしているのですか？

　道路はみんなが利用する公共の施設です。人や自動車がいつも安全で快適に通行できるよう定期的に巡回や点検、補修、除雪や除草などをして保全に務め、必要に応じて改良なども行われています。また、災害が起きると速やかに復旧しなければなりません。このように、道路を見守ることを道路の維持管理といいます。

　道路の維持管理は、「道路法」により定められた道路管理者の下で、当該行政組織が行っています。たとえば、一般国道の指定区間は国土交通省、指定区間以外の一般国道と都道府県道は都道府県、市町村道は市町村、高速自動車国道は全国の高速道路会社が行っています（一部の区間は国土交通省）。

　道路の維持管理では、交通状況を確認したり異常や破損を発見したり、交通に支障を与える障害物（荷物などの車からの落下物や落石・地すべりなど）を発見し、速やかに対処しなければなりません。そのために国土交通省が行っている巡回作業を見てみましょう。

　巡回は、一般に通常巡回・夜間巡回・定期巡回および異常時巡回の4種類があり、そのほかに雪が多く気温の低い地域においては、冬期巡回もあります。

- 通常巡回：道路の状況や交通の状況を把握するために、常日頃行う巡回
- 夜間巡回：道路照明や標識などの見やすさの確認を行うために、夜間行う巡回
- 定期巡回：主として道路構造物の安全性を保つために、定期的に行う巡回

- 異常時巡回：台風や集中豪雨・豪雪時などの異常気象が発生したときや地震のような異常事態が発生したときに行う巡回
- 冬期巡回：冬の時期に積雪状況や路面凍結の状況を把握し、雪を取り除くための方法や開始時期の判断を行うための巡回

　道路の維持管理には、巡回のほかに普段の手入れや修繕が含まれます。たとえば、路面や排水施設の清掃、除草、植栽の剪定、道路情報板などの電気設備・道路排水ポンプなどの機械設備の点検、橋の点検と補修、トンネルの点検と補修、舗装の補修、道路法面・斜面の点検と補修、さらに冬季になると除雪や凍結防止剤の散布などがあります。

　また、最近では道路を計画的に維持管理するため、国や自治体でアセットマネジメントの導入例が増えています。これは、道路を資産と捉え、資産を長く有効に運用するため維持管理の計画を立案し、構造物などの劣化が進む前にこまめに補修するなどして、道路や橋の長寿命化を図りながら、ライフサイクルコストを抑える取組みです。

　このように、多くの人、自動車が利用する道路の維持管理・修繕は欠かせません。いろいろ迷惑を受けることがありますが、工事には協力しましょう。

4-2 老朽化する道路は今後どのようになるのですか？

　平成20（2008）年4月現在、わが国の道路は総延長約120万kmにも及びます。このうち、橋が約68万橋、トンネルが約1万箇所設置されています。

　一般に、道路舗装の寿命は10年、橋の寿命は管理方法によって異なりますが、損傷が発生するたびに修繕していく管理方法で50〜60年といわれています。このように、時間の経過とともに道路の老朽化が進んでいくことが想定されます。

　では、老朽化する道路は今後どのようになるのでしょうか。

　アメリカでは、道路の維持管理に十分な予算が投入されなかったこともあり、1980年代初頭、多くの道路施設が老朽化し落橋するなどの大惨事が発生したり、ニューヨークの幹線道路が穴だらけだといわれるような事態が生じました。その結果、1980年代は「荒廃するアメリカ」と呼ばれるほど劣悪な状態に陥ってしまいました。その後、アメリカでは維持管理のための予算を増強し、修繕に力を入れたことにより老朽橋の数は減少しましたが、未だに多くの欠陥橋が残っており、今もその後遺症に苦しんでいます。

　日本もこうしたアメリカの状況を対岸の火事と構えてばかりではいられないようです。日本では1960年代の高度経済成長期に集中的に道路整備が進められ、多くの橋が建設されましたが、2010年代にはこうした橋は建設後50年を経過し、老朽化が進んでいきます。建設後50年以上経過した橋の数は平成21（2009）年には8%ですが、20年後には51%にも増大する見込みです。また、維持管理・更新にかかる費用も膨大で、平成23（2011）

年度以降の50年間で更新に必要な金額は約190兆円と推計され、そのうち更新できないものが約30兆円にものぼると試算されています。

　こうした老朽化する構造物に対しては、落橋などの大惨事が起きてから対応するのでは手遅れとなるため、施設の状況を定期的に点検・診断する取組みが全国で進められています。また、それらの点検結果をもとに、橋の長寿命化修繕計画の策定が進んでいます。

　また、構造物の費用を「つくる」部分のみで考えるのではなく、維持修繕費用や架替えなどの更新費用までも見込んだライフサイクルコストの考えが定着してきています。構造物をつくる際に少し多く費用がかかったとしても、維持管理にかかる費用が少なければ、トータルで費用を抑えることができます。また、軽微な損傷を放置し後年大規模な修繕が必要となることがないよう、日頃の予防的な保全活動をしっかり行うなどの取組みも有用です。

　わが国でも、計画的な維持修繕を進めることで、利用者が道路を安心して利用し続けることができ、「荒廃する日本」とならないよう賢く道路を管理していくことが求められます。

> **Topic** 〜道路アセットマネジメントの導入〜
> 　アセットマネジメントとは、金融資産を対象にリスクや収益性を考慮し適切に運用することにより資産価値を最大化するための手法です。この考え方を道路ストックに適用し、限られた予算のなかで計画的かつ効率的に適切な維持管理を実施するとともに、その機能を維持向上させ、国民に最大の効用を提供する実践的な活動が欧米諸国や日本において2000年頃から試行されています。
> 　具体的には橋、トンネル、舗装などを道路資産ととらえ、その損傷・劣化などを将来にわたり把握し、最も費用対効果の高い維持・更新を実施しライフサイクルコスト最小化を目指します。

4-3 道路の災害にはどんなものがあるのですか？

　道路の災害とは、「道路としての交通機能に支障をもたらす災害」のことを意味します。道路の災害は、その災害をもたらす原因によって次のように分けられます。
●風水害：熱帯性低気圧、台風に伴う暴風雨あるいは梅雨時期や秋雨時期に降る豪雨が原因となって引き起こされる災害。また、海岸部の道路における高潮や波による浸水なども含まれます。
●雪害：降雪によって引き起こされる災害で、積雪によるもの、吹雪によるもの、雪崩によるもの、雪解けや凍結によるものが含まれます。
●震災：地震によって引き起こされる災害。
●地すべり災害：地すべりによる災害のことをいいますが、地すべりは主に降雨、雪解け、凍結、地震と関連して発生します。
　主な道路災害は、以上のような原因が複雑に関連しあって発生しています。
　以下に、道路の災害を現象（目に見える形）から説明します。
●落石：岩盤の割れ目が拡大し、岩塊（岩のかたまり）がはがれたり、斜面の浮き石が落下するもので、北海道の「豊浜トンネル事故」（平成8（1996）年2月10日）ではバスが下敷きになり多数の死者が出ました。
●斜面崩壊：斜面で大量の土砂や岩石が崩れるもので「新潟県中越地震」（平成16（2004）年10月23日）では、斜面崩壊や地すべりが多発し、莫大な被害をもたらしました。
●地すべり：斜面崩壊とほぼ同じ現象であり、斜面の土砂が下方に移動するもので、各地で道路や鉄道が不通になるなどの被害が数多く発生してい

ます。平成21 (2009) 年夏、東名高速道路で発生した地すべりで通行止めとなり多くの支障が生じたのは記憶に新しい災害です。
- 土石流：鉄砲水とか山津波とも呼ばれ、洪水が大量の土砂と一緒に流れるもので、大きな岩石を流すほどの力をもっています。
- 雪崩：斜面に積もった雪が大量にずり落ちるもので、道路の災害としてはあまり発生していません。
- 凍結：降雪や気温の低下により道路が凍って、路面がすべりやすくなるもので、特に高速道路では大事故につながってしまいます。
- その他：上記以外にも、霧や吹雪により視界が悪くなったり、豪雨による路面の冠水も災害といえます。

近年は、地球温暖化に伴う影響から、施設能力を超える集中豪雨や台風による路面の冠水などの被害が多くなっています。

道路災害による被害は、道路自体の被害はもとより交通、通信手段などの寸断によって市民生活や社会全体に大きな影響が及ぶことは、先の「新潟県中越地震」や「阪神・淡路大震災」（平成7 (1995) 年1月17日）などで体験したとおりです。

4-4 今後、阪神・淡路大震災クラスの地震が起きても道路は大丈夫ですか？

　道路を管理する国土交通省、各地方自治体、高速道路会社などは、平成7（1995）年の阪神・淡路大震災（兵庫県南部地震とも呼びます）の被災状況や破壊のメカニズムを調査し、その結果を踏まえて、各大学や関係機関と共同で模型実験などを行い、この程度の規模の地震に耐えられる構造物の研究を行ってきました。これらの研究結果から道路構造物の新しい地震対策（耐震設計法：以下、新設計法という）ができました。

　今後は、この新しい地震対策をもとに設計することとされ、すでに建設されている構造物では、新設計法を踏まえて補修・補強を行うことになりました。現在、補修・補強工事が各地で施工されています。

　以下に、簡単に従来の設計法と新設計法の違いを説明しましょう。

　従来の設計法は、近代以降最大の被害をもたらした大正12（1923）年の関東大震災のようなプレート境界型の大地震（大きな振幅が長時間繰り返して作用するような地震動）を想定し、地震による荷重（地震力）を水平方向の静的な荷重に換算して、構造物にかかる力を計算するものです。このとき、構造物を構成する梁や柱はこの力に耐えられるだけの大きさと強さをもつように設計してあります。この設計法は昭和39（1964）年の新潟地震などの被災状況の調査研究の成果を反映しながら修正が加えられてきたものです。

　しかし、今回の阪神・淡路大震災のような活断層による内陸直下型地震（継続時間は短いけれどもきわめて大きな強度をもった地震動）を想定したものではありませんでした。今回のような直下型の大地震の発生をも想定し、従来の設計方法をさらに改良したのが新設計法です。

新設計法では、阪神・淡路大震災による直下型地震動を設計に取り入れ、構造物の動的な挙動を考慮した解析手法が主になっています。
　これは、想定する地震に対して構造物本体がどのような動きをするのかを解析し、構造物に必要な耐力（強さ）と「ねばり」をもたせる設計法といえます。地震動に対し、剛な（堅い）ものとするのでなく、地震と一緒に動くことで被害をこうむらないように、または被害を最小限に食い止め、道路としての役目を損なわないようにしています。
　したがって、新設計法で補修・補強あるいは新たに施工された構造物については阪神・淡路大震災クラスの地震が起こっても大丈夫なものになっています。
　しかし、内陸直下型地震による地震動が完全に解明されたわけではありません。現在も引き続き、内陸直下型地震による地震発生のメカニズムやそれにより生じる地震動の研究が行われています。

4　道路を守る、環境を守る

4-5 落石や崖崩れなどから道路を守るためにどんな工夫をしているのですか？

　山、谷、平野といった地形は、長い歳月の間に風化あるいは雨や川による侵食と堆積により今のような形となっています。落石や崖崩れは、その自然作用のもとでは必然的な現象といえます。
　山岳地域では、落石、崖崩れなどの自然現象を未然に察知するか防止することが、道路利用者の安全を守るために重要なことです。
　落石・崖崩れなどを事前に察知するためには、日常的な巡回、点検が欠かせません。また、その可能性が予測されるときには、微少な移動を感知できるセンサーをあらかじめ岩塊や崖の表面に設置しておく方法がとられることもあります。
　次に、落石と崖崩れのメカニズムと被害防止対策を説明します。
● 落石
　落石は、いくつかのことが重なって起きるため原因を特定することはむずかしいのですが、落石を引き起こす原因には、降雨、積雪、凍結・融解、風、地震などがあります。対策としては、落石が予測される斜面から浮き石、転石を取り除き、斜面に固定する落石予防工（モルタル吹付け工、コンクリート張り工、ロックボルト工など）と、斜面から道路に向かって落下してくる落石を斜面の途中や道路際で阻止するために設置する落石防護工（落石防護柵、ロックシェッドなど）があります。
● 崖崩れ
　最も多い崖崩れのタイプは、深さ１ｍ程度までの斜面の表層が大雨で侵食されて崩壊するものです。この場合には表面を侵食から守ることが必要ですから、芝草などで斜面を被覆し、土中に根を張らせることを目的とし

た植生工が対策の主体となります。また、岩盤上に土砂が厚く堆積している場合、土砂に浸み込んだ雨水や地下水が表面上の土砂と岩盤との境界面を流れようとします。

　この結果、浮力（水によって浮き上がる力）を受けて上部の土塊が境界面に沿ってすべります。すべりを防止する対策として多くの場合、排水工（ボーリングで水平方向に孔をあけ、内部の水を排出すること）を斜面に施して地下水の影響を低減させます。それでも危険なときには、岩盤まで杭を打ち込む杭工、岩盤にアンカーをとるグラウンドアンカー工法などで、境界面でのすべりを阻止することが行われています。

4　道路を守る、環境を守る

4-6 雪の多い地方ではどんな工夫をしているのですか？

　日本列島は南北に長く、地域により気候の温暖差が大きいため、道路を計画する場合は、雪のよく降る「積雪寒冷地」とそうでない地域に分類しています。積雪寒冷地においては、道路を安全通行できるようさまざまな工夫がされています。

　雪が降り始めて道路の通行がしにくくなり始めると、道路管理者から「速度規制」や「チェーン規制」の標示が出されます。チェーン規制の場合、雪路用タイヤ（スタッドレスタイヤなど）をつけた車両を除いて、普通のタイヤをつけた車両はタイヤチェーンを巻く必要があります。路肩や路側に停車してこの作業を行うと事故や渋滞の原因となるため、チェーン脱着用の広場として「チェーンベース」が設けられ、通行の安全を図っています。

　道路は、どんな時でも通行できるようにしなくてはなりません。積雪により通行がしにくくなった場合、道路の一定区間を一時通行止めにし、除雪車により道路に積もった雪を除雪します（通行止めにしないで作業する場合もあります）。除雪した雪はそのまま外に押し出しますが、すぐ横に山が迫っている所では雪を押し出せないため、路肩の横に除雪した雪をためる「堆雪幅」が設置されています。この幅は、その地域の10年に一度の最大積雪深により決められています。

　人家が建て込んでいるため堆雪幅のとれない所では、谷や川から水を引き入れた「流雪溝」を路側に設置して、ここに雪を投げ込んで処理したりしています。道路に面した斜面に積もった雪は雪崩を起こし、道路に落ちて通行中の車両を襲うおそれがあります。このため、雪崩発生が予想され

る斜面には「雪崩予防柵」を設置したり、発生した雪崩が道路に落ちてくる前に雪を受けとめる「雪崩防護柵」や「防護壁」を設置したり、また地形により事前に雪崩を防止できない場合は道路全体を覆ってしまう「スノーシェルター」を設置するなどして、道路に及ぼす被害を防いでいます。
　道路に残った雪や夜間の気温低下による路面凍結がスリップの原因となり、交通事故につながることがよくあります。これらを防止するために、地下水をポンプで汲み上げて道路面に散水する「消雪パイプ」の設置や、地中熱や電気による熱を利用して凍結した路面をとかせる「ヒートパイプ」や「ロードヒーティング」の設置など、外からは見えないところでいろいろな工夫をしています。また、高速道路や一般国道など主要な幹線道路では、路面の凍結は大事故につながるおそれがあるため、冬季において路面凍結防止剤（主に塩化ナトリウム）を散布し、路面凍結の防止に努めています。さらに、凍結防止剤散布の効率を高めるために、気象データなどを用いて路面凍結箇所や時刻などを予測するシステムも開発されています。

4-7 海岸沿いでは道路にどんな工夫をしているのですか？

　日本の国土は四方を海に囲まれ、平野部のほとんどは海岸沿いにあります。このため、多くの道路が海岸に面して建設されています。海岸沿いの道路では波や風による影響を大きく受けるため、交通安全を図るためのさまざまな工夫がされています。

　波は強風によって引き起こされます。特に、台風、冬の季節風また温帯低気圧などが代表的な原因となります。海岸線を走る道路に波が打ち寄せた場合、道路への影響には次のようなことがあります。

- 道路の基礎部分が洗われると道路に亀裂が生じたり、陥没したりする。
- 波の打上げにより道路法面が流出したり、崩壊したりする。
- 波のしぶきや砂が道路面に及び、通行車両の視界が悪くなると同時に走行が困難となる。

　このようなことから、海岸に面している道路では次のような工夫がされています。

- 道路の基礎は岩に固定し、波による洗掘を防ぐ構造としている。
- 波打ち際にはテトラポットなどの異型ブロックなどで波のエネルギーを吸収する消波工を設置し、波の力を弱めている。
- 波が打ち上げてくる法面はコンクリートなどで保護する構造とし、道路の海岸側には波返しを設けている。

　一方、海岸沿いを走る道路は風通しがよいため、強風による影響をまともに受け、道路を通行する車両や歩行者に次のような支障があります。

- 強風が車両に吹き当たり、横揺れをする。
- 海岸の砂を巻き上げて（これを飛砂と呼びます）、歩行者や車両の通行に

影響を及ぼす。
● 路面に吹き上げられた砂により、スリップ事故が起こりやすくなる。

　このため、道路肩に「防風柵」や「防砂柵」を設けたり、地形的に余裕のある箇所では海岸と道路を離して間に「防風林」や「防砂林」を設けたりして、強風や飛砂の影響を除き、道路交通への支障をなるべく少なくする工夫を行っています。

　また、海岸沿いでは、構造物を「塩害」から守ることも必要です。鉄筋が錆で膨張するためにコンクリートがはがれ落ちる現象が塩害の代表的なものですが、コンクリートの橋桁に海水が浸透しないように塗装コーティングしたり、樹脂塗装を施した鉄筋を使用するなどして塩害防止に努めています。

　このように、海岸沿いの道路ではさまざまな工夫を凝らし、道路を守ったり、通行者の安全を図っています。

Q 4-8 道路を走る車には大きさや重さの制限があるのですか？

　道路には、道路の構造物（橋やトンネルなど）や交通の安全を守るために、走る車に大きさや重さの制限があります。走る車が大きすぎる場合は、交差点のカーブを曲がることができなかったり、道路上の標識に衝突したりするなどの事故が起きて、道路を通行することができなくなります。また、車が重すぎる場合は、想定している道路の耐力を上回るため、道路への負荷が増加し、道路の陥没や橋の部材の破壊などが起こります。

　それならば、交差点を大きくしたり重さに対する耐力を高めたりすれば良いではないか、と思いますが、そうすると道路の整備に莫大な費用がかかったり、道路の幅を広くして大きな土地面積が必要になるなど効率性が悪くなります。

　そのため、現状で整備されている道路は、通行する自動車はもとより歩行者や自転車の通行も考慮して、安全性、経済性、効率性などをもとに多角的な視点から総合的にバランスのとれた構造になっています。

　では、道路を走行することができる車の大きさや重さはどのように決められているのでしょうか。車の大きさや重さについては、道路法第47条に基づく「車両制限令」という政令により規定されています。それぞれの制限値は次のようになっています。

● 大きさ

　道路のカーブや交差点を安全に通行し、道路上の標識などへの接触を避けるために、長さ・幅・高さは次のように規定されています。

　長さ：12 m、幅：2.5 m、高さ：3.8 m

　なお、高速自動車国道上では、セミトレーラーは16.5 m、フルトレー

ラー連結車は 18.0 m までが可能です。

● 重さ

自動車は特別なものを除き次のように規定されています。

総重量：20 トン、軸重：10 トン、輪荷重：5 トン以下

なお、高速自動車国道および指定道路では総重量 25 トンまで可能です。

このように、自動車の大きさ、重さは制限されていますが、制限を超えるものを運ばなければならないときもあります。たとえば、新幹線の車両や長い橋桁などです。その場合、大きさや重さの制限を超過する特殊車両の通行許可制度により届け出を行い、道路管理者に許可を得ることで通行することができます。ただし、特殊車両が道路を走る場合に通行できなくなることがないように、事前に道路を調査し安全に通行できる通行時間帯、ルート、速度などを設定する必要があります。

以上のように、大きさや重さについては最大限度が決められています。一般的に使用する車は、このような制限を超過することはほぼありませんが、一部トラックなどによる過積載車（荷物を積み過ぎている車のこと）による違反が見られます。道路を長もちさせ安全に走行するには、道路利用の違反をなくし、これらの最大限度を守らなければなりません。

4-9 大雨や地震などによる道路の通行規制はどのようにして決めるのですか？

　国民を災害から守るために、昭和36（1961）年に「災害対策基本法」が制定されています。それに基づいて、道路の災害を防ぐために2年後の昭和38（1963）年には「建設省防災業務計画」が作成され、それぞれの道路管理者は道路の安全に努力することが義務づけられました。

　昭和43（1968）年8月に岐阜県白川町国道41号で起きた土石流によって、観光バス2台が飛騨川に転落し104人の死者を出した災害がありました。この災害を契機として、道路上における防災計画の重要性が見直されました。

　災害には、暴風、豪雨、豪雪、洪水、高潮、地震、津波、噴火、その他の原因により生じる被害がありますが、ここでは特に風水害について説明します。

　道路を走っていて「異常気象時通行規制区間」という看板を見かけたことはありませんか。地震・火事や交通事故などはどこで起こるかわかりませんが、風水害や雪害などは過去の記録から、より起こりやすい所が推定できます。こうした区間では、事前通行規制区間として指定し、過去の災害などの発生状況により一定の区間で気象条件などを決めて、道路の通行規制を実施することとしています。

　豪雨の場合には降水量により規制の基準が決められており、連続雨量規制と時間雨量規制の2種類があります。前者は降り始めからの連続降水量が、後者はある一定時間の降水量が基準値に達したときに通行規制が実施されます。

　このような通行規制区間は、特に土砂災害等が発生しやすい山間地域に

多く指定されています。こうした地域には、代替となる道路が周辺にない所も多く、いったん道路が通行止めになれば地域間交流は遮断され、地域経済に多大な影響を及ぼすことになります。また、通行止めが長引けば病院への通院や買い物もできず、日常生活に不便を強いられることにもなります。

　こうしたことから、事前通行規制を行わなくても安全で安心して通行できる道路整備が必要であり、事前通行規制区間の指定解除に向けたさまざまな取組みが行われています。規制区間においてバイパスを整備する抜本的な対策や、道路の斜面の安定化を図ることにより土砂崩壊を防ぐ対策などが実施されています。そして、対策実施後において区間の安全性と対策が効果的であることが確認されたのち、規制区間の指定解除が行われることになります。

　未だに多くの区間が事前通行規制区間に指定されており、この規制区間に多数存在している危険箇所を調査し、防災対策を計画的、積極的に進めることが重要となっています。

4-10 悪天候などでも車が安全に走るためにどう工夫していますか？

　道路には、「設計速度」と呼ばれる設計上の基礎とする速度が決められています。設計速度で走行した場合に、カーブを無理なく曲がることができたり、運転に必要な先の見通しがとれるように道路はつくられています。しかし、夜暗くなったり、雨や霧、雪などで視界が悪くなったりした場合、山道の急なカーブやまち中の小さな交差点では、先の車の状況が見えにくくなります。こうした悪天候などの場合でも車が安全に走るために、さまざまな工夫が施されています。

●「暗さ」に対する工夫

　夜などの暗さに対する工夫には、まず「照明」があります。照明は道路上の歩行者や障害物、先行車などをドライバーが見つけることができるように光を照らすものです。照明にはいくつか種類がありますが、色は判別しにくいものの、ものの形がはっきり見えるナトリウム灯や、より強い光を発するメタルハライドランプ、長寿命で経済的な LED を活用したものなどがあります。また、道路の形を知らせるためのものに「誘導灯」があります。誘導灯は、ガードレールなどに反射灯を設置し、車のライトに反射されることでカーブの方向がわかるようにするものです。これらのなかには、太陽電池などを電源にして自ら光を発するタイプもあります。このほか、道路のセンターラインに光を反射する素材を混ぜたり、区画線の上や交差点の中心に光を点滅する鋲を埋め込んだりして、同じような効果を期待するものがあります。

●「天候」に対する工夫

　霧が出たり雪が降った場合、車のヘッドライトをつけてもほとんど先が

見えない状態になることがあり、非常に危険です。ひどい霧や雪（吹雪、地吹雪）の発生場所は地形などによってだいたい決まってくるため、これらに対しては特別な対策が考えられています。
- 霧や吹雪を和らげようとする方法

　霧に対しては、防霧林や防霧ネットなどを道路の周囲に設け、水滴を葉や網に取り込むことで霧の濃度を薄くしようとするものがあります。吹雪に対しては、防雪柵や防雪林を設置し、道路上の吹きだまりを防ぎ、視界を確保します。
- 進行方向を誘導しようとする方法

　一般に設置されているものより目立つ光や色の誘導灯を設置し、道路の形や進行方向を誘導します。
- ドライバーに情報を与える方法

　サービスエリアや道の駅で情報板やラジオから天候や路面の状況を伝え、注意を促したり、迂回を呼びかけます。
- 「安全」に走行するための工夫

　見通しの悪い交差点や急なカーブでは、カーブミラーを設置したり看板などを設置し、ドライバーの注意を促します。また、車両を感知するセンサーをつけて対向車の接近を知らせる方法なども一部で実施されています。このほか、トンネルでは照明を明るくしたり、壁を白くして路面との区別をはっきりさせるなどの工夫をしています。

　現在、道路と車の間でさまざまな情報を伝達しあうシステムの開発研究が進んでおり、道路に設置したセンサーなどで前を走る車との距離や停止状況を感知し、車内のモニターで知ることができるようになると期待されています。しかし、今のところすべての視界が悪い状態に対して、十分な対策があるとはいえません。このような場所では、まずスピードを落とし、基本的な安全運転を心がけることが大切でしょう。

4-11 道路や交通の監視はどのように行われているのですか？

　道路交通における安全と円滑を図り交通公害の防止を目的として、道路管理者である国や自治体などと交通管理者である警察が力を合わせ、道路交通を監視、制御しています。

　道路上での渋滞や事故発生などの交通障害の発生は、非効率な道路利用となるだけでなく、二次的な大きな災害につながるおそれがあるため、まずは障害発生を未然に防止し、障害が発生した場合においても二次的な災害を防ぐため、迅速で的確な処置が図れるように道路や交通を監視しなければなりません。また、環境への負荷を減らしたり、省エネルギー対策のためにも効率的な道路利用が望まれています。

　一般道路や高速道路において、道路交通の監視や制御のためにさまざまな情報を収集し、提供するシステムのことを交通管制システムと呼んでいます。

　道路の状況や交通状況などを把握し、事故や火災などの交通障害などに速やかに対処できるように地域ごとに交通管制センターなどを設置し、システムによって集中的に情報などを管理しています。

　そのシステム構成は大別すると、①情報収集、②情報処理、③情報提供の手順となります。これらの手順のうち、道路の利用者が最も身近に接する機会があるのは、③の情報提供です。

①情報収集

　道路上で発生する交通現象を正確、迅速に把握するため、車両検知器やCCTV（Closed Circuit Television）、パトロールなどによって情報収集が行われています。車両検知器では交通量や通過車両の速度などが把握でき、

CCTV やパトロールで交通状況を視覚的に確認することができます。
②情報処理
　交通事故や故障車などの障害状況や車両検知器からの交通データは交通管制センターなどに集められ、コンピューターによって処理し、渋滞の有無の判定や情報提供の判定を自動的に行っています。また、信号など交通制御方法の自動提案や所要時間予測計算なども行っています。
③情報提供
　渋滞や交通事故の発生状況などの情報は、道路情報板（図形情報板、文字情報板など）、各種の情報端末装置や路側通信（道路情報ラジオ、VICS）によって利用者に提供されています。また、カーナビゲーションの普及によって道路交通情報や安全運転支援情報を音声や画像で確認することができるようになってきています。さらに道の駅や高速道路のサービスエリアでは情報ターミナルを設置し、より詳しい情報を提供しています。

4　道路を守る、環境を守る

4-12 交通事故を防ぐためにどんな工夫をしているのですか？

● 交通事故の現状と推移

1960年代のモータリゼーションの加速度的な進展に比例して、交通事故も急増しました。

わが国の交通事故による死者数の推移をみると、「交通戦争」と呼ばれた昭和45（1970）年の1万6765人と、平成4（1992）年の1万1451人の2度のピークを経て、ここ数年の交通事故者数は減少傾向を維持し、近年には最多時の約1/3にまで減少しています。

これらの背景には、「交通安全対策基本法」が制定され、それに基づいた交通安全施設の整備、交通規制および罰則の強化、安全な自動車開発、運転者の教育の充実など官民一体で取組みを進めてきた成果があり、交通安全対策の果たした役割は非常に大きいといえます。

しかし、依然として年間に国民の約130人に1人が死傷している危険な状況にあり、交通事故の削減に向けた取組みを持続する必要があります。

特に、近年においては交通事故死者数のうち、高齢者の占める比率や歩行者の占める比率が高いこと、自転車関連の交通事故件数が増加傾向にあることから、高齢者や歩行者、自転車利用者の交通安全対策をいっそう進める必要があります。

● 交通安全対策

交通事故の発生は本来きわめて偶発的なものであり、また稀な現象です。したがって、その要因分析は容易ではありません。

そこで、多くのデータを統計的に観察する方法や個々の事故を「人」に関する要因、「車両」に関する要因、「道路環境」に関する要因の3つの要

因について関連を踏まえながら細かに分析する方法によって、交通事故の発生要因を究明し、効果的な安全対策を講じていくことが必要です。

　以下に、主な交通安全対策を示します。

　「人」に関する対策：学校や地域における安全教育や広報、交通指導や取締まりなど

　「車両」に関する対策：車両性能の向上、ITS（高度道路交通システム）の推進

　「道路環境」に関する対策：交差点改良や右折レーンの設置、信号機や道路標識の設置、歩道や自転車空間の整備化など

　しっかりとした交通事故の要因分析を踏まえ、上記のようなさまざまな対策をよりいっそう推進していくことが重要です。

4-13 地球が温暖化していると聞いていますが、道路と関係があるのですか？

　最近、地球温暖化が何かと話題になっています。これは異常気象や森林破壊など国境を越えた地球全体におよぶ環境問題の1つであり、毎日のように世界各国で報道されています。

　地球上には大気圏、生物圏、海洋圏の3つがあり、それらは互いに二酸化炭素（CO_2）を交換しながらバランスよく貯蔵することによって、自然界を成り立たせています。

　しかしながら、産業革命以後の化石燃料（石炭や石油）の大量消費や第二次世界大戦以後の重化学工業を中心とした技術革新により、二酸化炭素の発生量は増え続けています。現在、人間活動によって大気中に放出される二酸化炭素は約270億トン（平成18（2006）年）といわれています。

　二酸化炭素の特徴として、太陽光線はそのまま素通りさせますが、地球の表面から放出される赤外線を吸収し、まるで温室の中のように地表の気温を上昇させる効果（温室効果）があります。これが地球温暖化現象と呼ばれるもので、大気中の二酸化炭素濃度は過去100年間に1.25倍に増え、そのため地球の平均気温は約0.5度上昇したともいわれます。もし、このまま二酸化炭素の増加傾向が続けば、21世紀末までに地球の平均気温は約2度上昇し、その後も上昇を続けることが予測されています。また、海面水位も21世紀末までに約50cm上昇するといわれています。

　このように、過去1万年の間に例を見ないきわめて急激な気候の変化は、水資源、農業、森林、生態系、沿岸域、エネルギー、都市施設、健康などの分野で人間活動にさまざまな悪影響を及ぼすことが予測されています。このため、国際的に協調した地球温暖化防止の取組みが活発に行われてい

ます。

　気候変動問題に対処するための国際的な法的枠組みとして、各国の基本的な取組みを規定する気候変動枠組条約、同条約を受けて先進国に対して温室効果ガスの具体的な排出削減目標として平成20（2008）年から平成24（2012）年の5年間に平成2（1990）年比で約5％の削減などを盛り込んだ「京都議定書」が採択されています。現在、2012年に終了する京都議定書第一約束期間後、すなわち2013年以降の次期枠組み構築に向けての交渉が国連の下で行われています。

　わが国の二酸化炭素排出量の内訳を見ると、運輸部門が全体の約2割を占め、その9割が自動車に起因するといわれています。このようなことから、自動車からの排出量の抑制は目標達成のための大きな課題であり、低公害車の普及促進や公共交通機関の利用促進などの施策のほか、自動車の走行速度の向上により実効燃費を改善し、自動車からの二酸化炭素排出量を減らすための交通渋滞対策、ITS（高度道路交通システム）による交通流対策などの施策が実施され、今後もいっそうの取組みが求められています。

4-14 トンネルの中の汚れた空気に対しどういう工夫をしていますか？

　自動車は、私たちのくらしに欠かすことのできない存在である反面、化石燃料を動力源とすることによる汚染物質の排出という大きな問題を抱え続けています。自動車からの排出ガスには、地球温暖化の主要原因物質である二酸化炭素（CO_2）が含まれる一方で、人体に有害な物質として窒素酸化物（NO_X）や硫黄酸化物（SO_X）、一酸化炭素（CO）が含まれています。

　一般道路では、自動車からの排ガスは風などによって拡散されるため、汚染物質の濃度は急激には高くなりませんが、道路トンネルにおいては、適切な排ガス処理をしなければ排ガスがトンネル内に充満してしまいます。そのため、長いトンネルでは換気は欠かせないものです。

　道路トンネルで換気の対象となる物質には、人に生理的な影響を与える有害物質と車の安全運転のための視界に影響を与える物質があります。前者の代表的なものには一酸化炭素（CO）や窒素酸化物（NO_X）があり、後者は主にディーゼル車の排ガスに含まれる黒煙および路面やタイヤの摩耗による粉じんがあります。快適な走行条件を保つために、この2種類の物質の濃度を基準値以下になるよう換気を行います。

　トンネル内の換気が自然換気（自然の風と車の走行風によって自然に行われる換気）で不十分なときには、機械設備によって強制的に換気を行います。

　機械設備による換気方法には、大きく「縦流換気方式」（以下、縦流式という）と「横流換気方式」（以下、横流式という）があります。

　縦流式は、換気風をトンネル内空間の車道の縦方向に流す方式で、交通

交通換気力

車の流れが空気の流れをつくる

だから一方通行のトンネルは機械設備が少ないのね

　の風による換気力（交通換気力）を有効に利用するものです。新たなダクトの掘削や設備工事が不要で経済性にも優れていることから、近年ではほとんどのトンネルで採用されています。
　都市部においては、交通量が多く渋滞の可能性もあり、火災時の対応も十分考慮する必要があることから、送気や排気専用のダクトを設け、換気の風が車道を横切る横流式が従来多く採用されていました。しかし、近年換気設備の機能向上により、縦方向に空気を流すことが可能となり大部分で縦流式が採用されています。
　最近の長大トンネルとしては、東京湾アクアライン、中央環状新宿線（山手トンネル）が挙げられます。
　東京湾アクアラインの川崎側の人工島に斬新なデザインで「風の塔」が建てられていますが、この塔はトンネル内の換気のための役割を果たしています。山手トンネルでは、横流式換気処理を行うとともに、低濃度脱硝設備を設置し、換気塔からの汚染物質を除去しています。
　今後、地球環境問題への対処という位置づけも含めて、ハイブリッドカー、電気自動車などの低公害車の普及による排ガス量の大幅な低減、新たなトンネル換気技術や有害物質除去技術の開発が期待されているところです。

4-15 車が出す騒音や振動などに対し道路ではどんな対策をしているのですか？

　道路で発生する主な公害には、大気汚染のほかに騒音、振動などがあります。特に、騒音は各種公害のなかでも日常生活に関係の深い問題です。道路交通騒音について全国の自治体で調査した平成20（2008）年度の結果を見ると、環境基本法に基づいて定められた、道路に面する地域の環境基準を超過する住居などは約47万戸存在しており、有効な対策へのいっそうの取組みが求められています。
　ここでは、道路交通に起因する騒音、振動について、現在どのような対策が行われているかを説明します。

● 騒音

　道路を走っていると、ときどき道路の端や中央部に連続した壁が見受けられます。これは遮音壁と呼ばれており、字のとおり音を遮断する壁です。騒音防止対策の1つで、効果が確実に得られるため数多く設置されています。
　この遮音壁は、直進する音を遮断し、さらに回折（回り込み）によって伝わる音の減少を図るものです。
　近年では、都市部を中心に交通量の増大や沿道建物の高層化により、十分な効果を得るには4m以上の高い遮音壁を要すとされるケースがあり、この場合景観や日照などの面で問題となります。そこで、内部景観（運転者から見た景観）や外部景観（沿道から見た景観）をよくするために、遮音壁にさまざまな工夫が施されています。「東京外かく環状道路」はその代表的な例といえるでしょう。
　また、最近では遮音壁の天端部に吸引体や特殊形状のもの（トナカイ型）

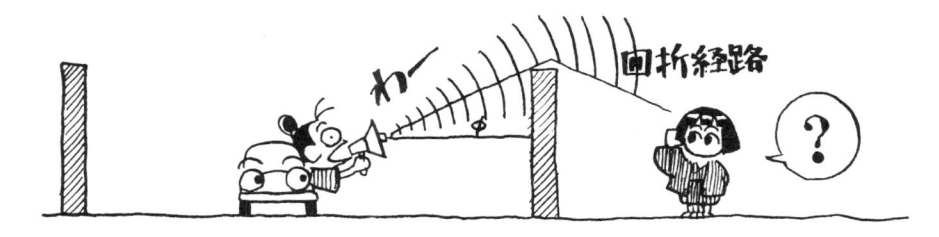

を設置し、上部から回り込む音をよりいっそう軽減する新型遮音壁などの採用が進められています。

一方、タイヤ音の軽減対策として排水性舗装のように路面を空隙の多い多孔質の舗装とする低騒音舗装についても研究が進められ、広く施工されるようになりました。

● 振動

自動車が橋の取付け部や高架橋の継手部（ジョイントと呼びます）を通過するとき、大きな音が発生するとともに振動を起こしていることが数多く見受けられます。

また、路面に凹凸がある場合にも同じようなことが起こります。この凹凸（段差と呼びます）は、橋の取付け部のほかに、横断地下道などの構造物の上に盛土した道路の境目に生じるもの、マンホールや道路鋲によるもの、舗装の目地や破損によるものなどがあり、いずれも振動発生の原因となっています。

これらの振動発生の原因を取り除くために道路管理者は道路パトロールを行って、異常が発見された場合には補修や補強を実施しています。

一方、高架橋では振動発生の原因となっている継手部の構造を強固なものに取り替えたり、継手部を少なくする工事が順次進められています。さらに、新しく計画される高架橋ではできるだけ継手部を設けない構造（ノージョイント）も採用されつつあります。

Q 4-16 生活環境に配慮した道路の事例にどんなものがありますか？

　道路交通が沿道の生活環境に及ぼす主な影響としては、大気汚染、騒音、振動、日照阻害、電波障害などが挙げられます。
　これらの影響は、交通量や大型車の割合、走行する速度といった交通条件、道路と生活空間との距離に左右されることから、特に都市内の幹線道路が生活環境上最も配慮すべき対象といえます。
　このような都市部の幹線道路で、周辺の生活環境に配慮した事例として東京外かく環状道路（以下「東京外環」という）と第二京阪道路を紹介します。
　「東京外環」は、千葉県市川市から、松戸市、埼玉県三郷市、川口市、和光市、東京都練馬区、世田谷区を経由し太田区に至る首都中心からおおよそ15kmの圏域を連絡する全長85kmの環状道路です。
　このうち埼玉県三郷市から東京都練馬区の区間は、沿道環境の保全について検討が加えられた結果、車道の外側に幅約20mの土地を「環境施設帯」として備えた道路構造が導入されました。この「環境施設帯」に、植樹帯、遮音築堤、遮音壁、サービス道路、歩道、自転車道などの施設が設けられています。全幅員62mのうち約1/3は幹線道路ですが、残りの約2/3は沿道地域の環境保全に用いられています。
　千葉県市川市から松戸市の区間約12kmは、当初高架構造（全幅員40m）で計画されていましたが、環境に配慮し高速道路部分は掘割構造にするとともに両側に環境施設帯を設置（全幅員60m）するなどの構造変更（平成8（1996）年都市計画変更）が行われ、現在工事が進められています。また、東京都練馬区から世田谷区の区間約16kmについても、当初は高架構

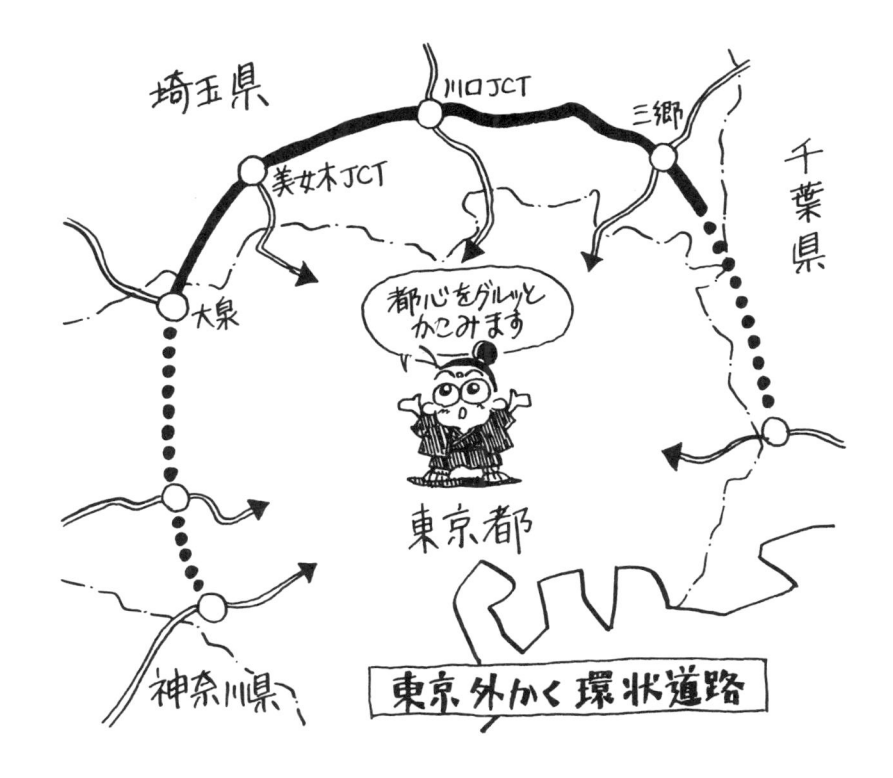

造の計画で多数の家屋移転や地域分断が生じること、騒音・振動などの環境への影響が懸念されました。このため、高架構造から地下構造（トンネル）に計画が変更されました（平成19（1997）年都市計画変更）。

　第二京阪道路は、京都と大阪を結ぶ、6車線の自動車専用道路と2～4車線の一般道路からなる延長約28kmの道路であり、平成22（2010）年3月に全線開通しました。この道路は「緑立つ道」の愛称で親しまれるなど、環境や景観に配慮した道路となっています。具体的には、自動車専用道路の両脇に植樹帯、副道や自転車歩行者道からなる幅員約20mの環境施設帯を設置し、沿道環境への環境対策も行っています。さらに、緑、風景のデザインなど、周辺環境と調和した道づくりを目指しています。

道路を利用する、道をいかす

　ふえ続ける車、それをスムースに走らせるだけの道路をつくることはもはや不可能といえます。道路をつくるだけでなく、車や道路の利用の仕方を工夫し今ある道路を有効に使うことや、先端情報技術を導入して車と道路との対話や知能化をすすめることで、減ることのない事故、都市部で蔓延化する渋滞、環境への負荷の増大を解決し、安全で快適、しかも利便性の高い次世代の道路交通が生まれてくるのではないでしょうか。道路をうまく利用し、どのようにいかしていけばいいのでしょうか、ここでの問いを通して、その糸口を考えてみてください。

5-1 交通渋滞はどうして起きるのですか？

　交通渋滞は、『道路用語辞典』（日本道路協会編）によると「走行している車両が道路のある区間に異常に集中して、低速運転の長い車列が続いている状態」と定義されています。実際に渋滞が発生していると判断する基準は、皆さんがよく目にする渋滞情報を発表している（財）日本道路交通情報センターでは、道路の種別ごとに高速道路は時速 40 km/h 以下、都市高速道路は時速 20 km/h 以下、一般道路は時速 10 km/h 以下としています。また、渋滞の程度は渋滞情報で見かけるように、主に渋滞の長さや渋滞の通過所要時間として表されています。

　では、このような交通渋滞はどのようにして起きるのでしょうか。

　道路には単路部や交差点、トンネル、橋などさまざまな区間があり、各区間が通すことができる交通量（交通容量といいます）は、車線数や車道の幅、坂やカーブの有無などの条件によって異なります。

　そして、前後の区間と比較して相対的に交通容量が低い区間は道路交通上のボトルネックとなり、このようなボトルネックに交通容量を超える車両が集中した場合に交通渋滞が発生します。このように、道路条件などによるボトルネックが原因となって発生する渋滞を「交通集中渋滞」と呼び、主に週末や連休、通勤時など特定の日時に発生しています。

　また、このボトルネックでは突発的な交通事故や道路の掘返しなどの工事のときにも一時的に渋滞が発生します。この突発的に生じたボトルネックによる渋滞を「事故渋滞」や「工事渋滞」と呼びます。

　交通集中渋滞、事故渋滞、工事渋滞のうち、箇所数が最も多いのは交通集中渋滞ですが、交通集中渋滞は信号交差点や車線数の減少などの道路条

件によるボトルネックのほか、駐車車両や停車中のバス、交差点の右折待ち車両などが交通の流れを妨げることで生じるボトルネックでも発生します。

　また、高速道路ではインターチェンジやジャンクションの合流部などがボトルネックとなりますが、上り坂やトンネルでのわずかな減速が後続車に影響を及ぼすことで大渋滞を引き起こすこともあります。上り坂では運転者が上り坂に気づかず無意識のうちに減速をし、トンネル進入時は昼間にトンネル内の明るさがトンネルの手前に比べ暗いことから運転者が自然に減速してしまいます。また、対向車線で発生した事故を見ていて自然と減速することもあります。しかし、その道路になれた運転手はあまり大きな減速は起こさないようです。高速道路では、運転者がブレーキをかけたりアクセルを緩めたりするというわずかなことが原因になって生じる渋滞もあるのです。

5-2 交通渋滞の対策にはどのようなものがあるのですか？

　交通渋滞は、道路を走る車の量（交通需要）が道路を走ることができる車の最大量（交通容量）を上回るときに発生する現象で、車による移動時間が増加し人々の貴重な時間を失う原因になります。また、渋滞時には車から排出する二酸化炭素（CO_2）の量が増え、地球温暖化の原因としても問題視されています。

　このような交通渋滞の対策には、交通容量を拡大する供給側の対策と、交通需要を調整する需要側の対策があります。

　供給側の対策としては、道路の幅を拡げて車線を増やす交通容量の拡大、新しい道路の建設、ボトルネックになっている交差点や踏切の立体交差化、あるいは信号制御や管制システムの運用を改善して混雑を緩和する方法があります。

　需要側の対策には、交通需要を抑えるために交通行動の変容を誘導するTDM（Transportation Demand Management：交通需要マネジメント）施策と、通勤時の自家用車からバスや電車へ転換するなど、複数の交通機関と連携して交通手段の変更を誘導する「マルチモーダル施策」があります。

　TDM施策には、道路利用の時間や経路を変更するために、通行料金を徴収するロードプライシング（Road Pricing）やナンバープレートの番号が偶数か奇数かで通行の可否をコントロールするナンバープレート規制、観光地や温泉街などで個人車両の通行を禁止する流入規制などがあります。また、近年のICT（Information and Communication Technology：情報通信技術）技術の進展により混雑経路や混雑時間帯の情報から利用者が自らの判断で回避する取組みとして、インターネットによるピーク時の高

速道路渋滞予報の提供や、カーナビゲーションでリアルタイムの渋滞情報をドライバーに提供するサービスが普及してきています。

　最近では、一般の人々やさまざまな組織・地域を対象としたコミュニケーションを中心とした持続的な対策として、自発的に交通行動の変容を期待するMM（Mobility Management：モビリティマネジメント）施策が取り組まれてきています。環境や健康などに配慮した交通行動を、大規模・個別的に呼びかけていくコミュニケーション施策を中心に、一人ひとりの住民や職場組織などに賢い交通行動を働きかける手法です。

　MMの代表的なコミュニケーション施策として、TFP（Travel Feedback Program：トラベルフィードバックプログラム）と呼ばれる施策があり、これは複数回の個別的なやりとりを通じて、対象者の交通行動の自発的な変容を期待するものです。MMの取組みは全国各地で大規模事業所や住民、学校などを対象に実施され、渋滞対策効果が確認されています。

　以上のほか、高速道路の緩やかな上り坂やトンネル部での速度低下が原因の渋滞対策として、情報提供により速度低下の防止や速度回復を促す実験が行われています。

5-3 カーナビゲーションはこれからどのようなものになっていくのですか?

　日本ではじめてカーナビ（カーナビゲーションシステム）が誕生したのは昭和56（1981）年。普及が本格化して10年ほどですが、年々増加して平成21（2009）年12月で累計3855万台が国内出荷されています。いまではクルマの標準装備として定着し、カーライフを大きく変えるツールとなっています。

　カーナビは、自分の現在位置を知ることと、目的地へのルート案内をする「ナビゲーション機能」が基本機能となります。現在の位置を知る仕組みとしては、GPS（Global Positioning System：全地球測位システム）衛星からの位置情報を基本に、カーナビ内の加速度センサーとジャイロなどの情報による自立航法とを併用しています。また、ルート案内はDVDや大容量HDD（ハードディスクドライブ）に詳細な道路情報を含んだ地図データを内蔵することで、目的地までの進むべき道を液晶ディスプレーや合成音声によってドライバーに案内します。

　さらに、本来のナビゲーション機能に加え、多機能化したモバイル情報ツールとして大きく進化しており、その機能の1つが最新の道路交通情報を表示するVICS（Vehicle Information and Communication System：道路交通情報通信システム）機能です。これは従来、車幅感知器から得て、日本道路交通情報センターからラジオなどを通じて発信されていた交通渋滞情報をカーナビに提供するものです。これから利用するルートが渋滞している場合には、カーナビの地図上に渋滞区間が表示されます。このカーナビに装着されるVICSユニットは急速に普及し、平成8（1996）年4月のサービス開始から平成21（2009）年12月には累計2598万台となり、

カーナビの標準的な装備として定着しています。

　なお、VICSによる交通情報案内はカーナビへの表示のみで、目的地へのルート案内に自動的には反映されません。現在の渋滞状況をルート案内に反映するのが「テレマティクス」と呼ばれるサービスです。これは、自動車そのものをセンサーとして活用（プローブカーと呼びます）するというアイデアで、現在の走行速度などの情報を情報センターに発信し、情報センターで解析した結果を個々の自動車へ返信することで、ルート探索や渋滞予測に反映させるサービスです。大手自動車メーカーでは、自社のカーナビユーザーを対象としたテレマティクスサービスを実施しており、渋滞を回避するルート案内に留まらず、最も燃料消費量の少ない「エコルート」を案内するサービスなども提供されています。

　現在のテレマティクスサービスは、大手自動車メーカーごとに提供されており、相互の利用はできません。実は、このような不便を解消する次世代道路サービスを実現する動きがすでに始まっています。この次世代道路サービスを実現するシステムは、「路側機」「ITS車載機」「路車間通信」により構成されます。このシステムが整備されると、詳細な渋滞情報に加えてカーブの先の障害物の有無や路面の凍結情報などの走行中の安全運転支援情報もリアルタイムで提供され、安全・安心なドライブを支援できるようになります。

5-4 「スマートウエイ」や「スマートカー」ってなんですか？

　道路の整備が進み、自動車も普及して自動車交通は人々の生活にはなくてはならないものになっています。しかし、一方では交通事故や渋滞、二酸化炭素（CO_2）排出量の増加による地球温暖化など、道路や自動車にかかわるさまざまな問題が私たちを取り巻いています。
　そこで、最先端の情報通信技術や自動車技術を活用して新しい道路交通を実現する取組みが行われています。
　この取組みは、ITS（Intelligent Transport System：高度道路交通システム）と呼ばれ、欧米をはじめ世界各国で進められ、21世紀の道路交通システムとして期待されています。
　ITSは、道路と自動車、それらを結ぶ通信技術が総合的に融合して実現されるため、各分野において道路は「スマートウエイ」、自動車は「スマートカー」、通信技術は「スマートゲートウエイ」として研究・開発が進められてきています。スマートウエイは、道路上の障害物や路面状況、渋滞などをいち早く知るためのカメラやセンサー、通信のための光ファイバーなどが組み込まれた次世代の道路です。また、スマートゲートウエイには現在DSRC（Dedicated Short Range Communication：スポット通信）という通信技術が用いられ、ETC（Electronic Toll Collection System：自動料金支払いシステム）の通信技術に活用されていますが、将来は駐車場やファーストフード、ガソリンスタンドなどの支払い決済に利用できるような研究が進められています。
　スマートウエイの先導的な取組みとして、道路と車両が協調して交通安全対策に取り組むAHS（Advanced Cruise-Assist Highway System：走行

支援道路システム）が実現されつつあります。AHS では、DSRC を受信できる高機能なカーナビや車載器から情報を受けることが可能で、以下のようなサービスがあります。
- 前方障害物情報の提供：見通しの悪いカーブの先の渋滞や障害物の情報をドライバーに提供して、追突事故を防止
- 合流支援情報の提供：高速道路の合流部などで合流車の存在などを知らせて、合流車との接触事故を防止

　スマートカーは、エレクトロニクス技術などにより自動車を高知能化して安全性を高めた自動車です。代表的な取組みとして ASV（Advanced Safety Vehicle：先進安全自動車）プロジェクトがあり、前を走る車に衝突しそうな場合に自動でブレーキをかけてくれる「被害軽減ブレーキ」や、居眠りなどで車がふらふら走行している場合に警報を鳴らしてドライバーに注意喚起して交通事故を防止する「ふらつき警報」などのシステムが実現されています。

5-5 電気自動車が普及すると道路はどのようになっていくのですか？

　皆さんは電気自動車に乗ったことがありますか。電気自動車とは、エンジンの代わりにモーターと制御装置を搭載し、ガソリンの代わりにバッテリーに蓄えた電気を使って走る自動車です。地球温暖化の防止や都市環境の改善、石油依存度の低減など環境・資源問題に関心が高まっているなか、電気自動車に注目が集まっています。電気自動車は走行時の排出ガスがゼロで、二酸化炭素（CO_2）排出量はガソリン車の1/3程度、騒音も少ないという点で、現在走行している自動車のなかで最も環境性能が優れ、まさに都市環境に適したクリーンな自動車といえます。また、電気自動車は多様なエネルギー資源からつくられる電気だけを動力にすることから、原油価格の高騰による影響は少なく安い経費で走行することができます。

　実用電気自動車が最初につくられたのは明治6（1873）年のイギリスです。日本では大正12（1937）年にはじめてつくられました。その後、さまざまな開発が進められてきましたが、平成20（2008）年の石油価格の高騰を受けて注目が高まり、日本国内では経済産業省が「EV・pHVタウン構想」を発表し、2030年までの本格的な普及に向けた取組みが進められてきています。

　電気自動車が普及すると騒音も排出ガスも少なくなるので、道路周辺の環境はこれまでに比べて改善されていくでしょう。そのほか、現在道路沿いにあるガソリンスタンドは新たな形態に変わっていくでしょう。電気自動車の充電に必要な充電スタンドもすでにいくつもできています。アメリカのカリフォルニア、フランスのパリやリオンではショッピングセンターや公共駐車場、オフィスには充電器が設置されています。特に、ロサンゼ

ルスの市街地には約 1 000 台の充電器があり、事前にインターネットでその場所を確認することができます。

　また、電気自動車が普及すれば、特に自動車専用道路は究極的には自動運転になっていくでしょう。電気自動車はガソリン車よりも圧倒的に制御がしやすいのです。電気自動車は、常にそれぞれの自動車を一定のコントロールの下で走らせることができます。これにスマートウエイの技術とナビゲーションの技術を組み合わせると、自動運転が実現できます。自動運転が実現すれば、交通事故で全国で毎年 5 000 名近くの人が亡くなっているという現実を抜本的に解決できますし、高速道路の渋滞を削減することも可能です。

　また、自動運転が導入されれば物流も大きく変わるはずです。たとえば、高速道路のインターチェンジにトラックを集結させる場所がつくられ、それぞれのトラックの荷台ほどの大きさのコンテナをひとまとめにします。それらが列をなして、高速道路の中に新たにつくられる自動運転専用レーンを自動運転で走り回るようになるかもしれません。安全で、運転する人の負担の軽減にもなります。電気自動車の普及で道路の安全性や快適性が向上し、それを利用する私たちの生活も劇的に変化していくでしょう。そんな未来がもう近くまで迫ってきています。

5-6 道路や交通に関するさまざまな調査について教えてください。

　道路を利用する交通量の情報は、道路ネットワークの構想、道路の整備計画、整備効果の把握、交差点の改良、交通渋滞の緩和、交通安全の確保、道路・沿道環境の保全、維持管理などを進めるうえで最も重要な基礎資料となるものです。

　交通量に関する調査は、使用する目的や対象とする交通、地域などにより調査の内容や方法、時期などが変化しますが、現在実施されている代表的な交通量調査には次のようなものがあります。

●全国道路・街路交通情勢調査（通称：道路交通センサス）

　全国の道路交通の実態を把握するため、国土交通省が都道府県、政令指定市、高速道路会社などと連携して全国一斉に実施しているものです。日本では昭和3（1928）年にはじめて調査が行われ、おおむね3～5年間隔で実施されています。道路交通センサスには次の調査があります。

　一般交通量調査：道路の交通状況や施設状況を把握する調査で、都道府県道以上の道路を対象に、主に次のような項目を調査します。

　車線数、車道幅員、交差点数など道路の状況
　車種別、時間別、方向別交通量（二輪車・自転車や歩行者も含む）
　自動車の平均速度

　交通量の調査方法としては、調査員が自動車の通過台数を数える方法、道路に設置されている計測機器（トラフィックカウンター）で調査する方法などがあります。また、自動車の平均速度調査には自動車の通過時間をストップウォッチなどで計る方法や試験車を走行させて計測する方法（プローブ調査）などがあります。

自動車起終点調査（通称：OD調査）：自動車の利用状況を調査するもので、自動車をもつ家庭や事業所などを無作為に抽出したり、高速道路の料金所などでアンケート用紙を配布することにより、主に次のような項目を調査します。
　出発地と目的地
　自動車利用の目的（出勤、登校、業務、買物、娯楽、帰社など）
　乗車人数、貨物車の場合は積載品目、積載トン数
● 交差点交通量調査
　渋滞対策や事故対策などのために交差点の交通量を調査するもので、主に次のような項目について調査します。
　方向別、車種別、時間別自動車交通量（二輪車含む）
　横断歩道の自転車、歩行者の時間別交通量
　信号の赤、青、黄色の時間、信号待ち台数、車列の長さなど
　このほかにも、沿道の騒音や大気の状況を調査するもの、道路の路面温度、風速、雨量、積雪量などの計測、道路や橋の損傷具合や災害の危険性の調査など、さまざまな調査が行われています。

5　道路を利用する、道をいかす

5-7 高速道路の有効活用とはどのようなものですか？

　高速道路に並行している一般道路では激しい渋滞が発生しているのに、高速道路は交通量が少なくスムーズに通行できているといった状況に出くわした経験をもつ人も多いのではないでしょうか。それでは、なぜこのような状況が発生するのでしょうか。そもそも、高速道路は自動車が高速で走行するためにつくられた道路であるため、一般道路からの流入を制限するとともに、鉄道の特急料金と同じように通行するのに料金がかかる道路です。そのため、「利用しようにも近くにインターチェンジがない」といったことや「高速道路を利用したいけれど料金が高い」といった意見を聞くことが多くあります。実際、日本のインターチェンジ間平均距離は約10kmであるのに対し、欧米諸国では4～5kmとなっており、日本では高速道路インターチェンジが利用しにくい状況にあります。また、通行料金についても海外主要国と比較すると高水準になっています。そこで、せっかくつくった高速道路をたくさんの人に有効活用してもらうために、以下のような対策が講じられています。

● スマートインターチェンジ

　スマートインターチェンジは、高速道路の本線やサービスエリア、パーキングエリア、バスストップから乗り降りができるように設置されるインターチェンジであり、通行可能な車両（料金の支払い方法）をETCを搭載した車両に限定しているインターチェンジです。既存施設を活用することで、従来のインターチェンジに比べて低コストで導入できることに加え、地域住民や地元企業の近くにインターチェンジができることで高速道路を利用しやすくなるといった多くのメリットがあります。平成22（2010）年

12月現在、全国52箇所で供用されていますが、今後もどんどん増えていくことでしょう。

● 料金施策

料金施策は、高速道路の利用が少ない時間帯や区間などを対象に料金を割引きすることで、一般道路から高速道路へ利用者の転換を図り、高速道路の利用者を増やすための施策です。これについては、日本全国さまざまな箇所において社会実験やETC時間割引などが実施されており、一般道を利用していた車の高速道路への転換が図られたといった結果が得られています。また、最近では限定的ですが無料化実験が実施されています。この結果、高速道路利用者が無料化以前の2、3倍になるとともに、並行する一般道の交通量が減少して渋滞が減ったといった結果も得られるなど、高速道路の有効活用が図られています。

これらのほかに、高速道路を目的地に到達するためだけに利用するのではなく、サービスエリアに温泉や公園、スキー場などのレジャー施設を併設したり、地元の農産品販売やご当地グルメの販売など、単なる休憩施設に付加価値をつけるような多様な活用方法も進んでいます。また、ヘリポートなどを併設しているサービスエリアも増加しており、高速道路での事故や高速道路上の救急搬送に利用するなど、レジャー以外の活用も進められています。

5-8 最近、サービスエリアが充実していますが、どうしてですか？

　高速道路には、利用者へのサービスとして休憩施設が設置されています。主にトイレや食事、運転の疲労や緊張をほぐすためのサービスエリアはおよそ50km（パーキングエリアは15km）に1箇所設置されています。

　このサービスエリアは従来、高速道路という閉ざされた空間で必要最低限のサービスを提供する施設として設置されていましたが、利用者のニーズが多様化するなかで、単なる道路休憩施設としてだけでなく、目的地の1つともなるような魅力あるサービスが充実してきています。

　また、駅ナカの成功、アウトレットや大型ショッピングモールの開発など商業形態の変化と同様に、サービスエリアも変化してきています。

　たとえば、サービスエリア内の施設は以下のように充実しています。

● トイレ

　近年、トイレの改築が各地で進められており、ユニバーサルデザインの考え方が取り入れられ、きれいで使いやすい快適なトイレが整備されています。また、多機能トイレやパウダーコーナーが設置されるなど、多様なニーズに応えるトイレとなっています。

● 駐車場

　駐車場のレイアウトは、車と人の動線を考慮し利用者の安全性・利便性に配慮した工夫がされています。また、身障者の利用にも配慮し屋根の設置や車椅子での乗り降りを考慮した駐車ますの整備も行われています。

● レストラン

　まち中で人気の店舗を導入したり、ご当地メニューを取り入れるなど、各サービスエリアで特色をもたせることで、多様なニーズに応える店舗選

びがなされています。
- 売店

　地域の特産物はもちろん、そのサービスエリアでしか買えない弁当やお土産なども販売しています。
- スマートインターチェンジ

　地域との連携を強化し、サービスエリア内に周辺地域との接続点となるスマートインターチェンジを設けることで、地域活性化の後押しをしています。
- その他

　トイレやレストラン、売店だけでなく、温泉や宿泊施設、遊具やドッグランなどが整備されているサービスエリアもあり、目的地の１つとなる滞在型のサービスも提供しています。

　サービスエリアは、道路利用者にとって快適に休める空間であるだけに留まらず、これからも多様なニーズに応えるさまざまなサービスを提供する施設として日々進化していくことでしょう。

5-9 宅配便のコンテナを貨物列車で運んでいましたが、どうしてですか？

　道路を利用する輸送には、乗用車やバスなどの旅客輸送以外に、主にトラックによる材料や商品といった貨物輸送があります。貨物輸送は、トラックのほかに船舶や鉄道、航空がありますが、国内ではトラック輸送が8割以上を占めています。

　これまでのわが国の貨物輸送の歴史を見ると、1950年代までは船舶や鉄道による輸送が主流でしたが、1960年代のモータリゼーションの進展とともにトラック輸送へのシフトが増大し、現在に至っています。

　一方、近年では環境問題への配慮から逆にトラックから鉄道や船舶へのシフトが見られます。これをモーダルシフトといいます。

　モーダルシフトの利点は、長距離になればなるほど経済的であること、二酸化炭素（CO_2）排出量の抑制が可能であることが挙げられます。逆に、欠点としては載替え時間が発生するためトラック輸送単体よりも時間がかかる、天候や災害の影響を受けやすいといったことがあります。最近は、このCO_2排出抑制の利点に対する注目が集まっており、各企業がモーダルシフトに着手しています。特に、国土交通省や経済産業省などが主催する会議では、荷主と物流事業者の協働による物流面のCO_2排出削減に有効な取組みを支援しており、現在では3100を超える企業、団体、個人がこの会議に登録し、CO_2排出削減の取組みを進めています。

　具体的な事例としては、「スーパーレールカーゴ」などがあります。

　スーパーレールカーゴの特徴は、車両編成全体を借り受けた運輸業者がコンテナ輸送している点です。企業が編成全体を借り受けることで定期輸送が可能となり、また貨物電車とすることでこれまでの機関車＋貨車によ

る貨物列車よりも高速輸送が可能となりました。

　このスーパーレールカーゴの登場により、これまでトラックで配送していた場合に比べてCO_2排出量を1/6（1トンあたり1km輸送する場合）に縮減することが可能になったといわれています。

　なお、同様の事例としては平成18（2006）年より自動車メーカーが1日2往復、名古屋〜盛岡間に専用列車を運行しています。また、専用列車ではありませんが、平成14（2002）年より独自仕様のコンテナを用いて関東〜大阪・名古屋間を鉄道貨物輸送に転換し、2007年までに総物流量の6〜7割を鉄道輸送にシフトした印刷機メーカーもあります。

　海外に目を向けると、大陸内の長距離移動が多いため輸送時のエネルギー効率のよい鉄道貨物の分担率がもともと高い傾向にあります。輸送方法は多彩をきわめており、一例を挙げるとヨーロッパではピギーバック輸送（トラックを台車に載せ、トラックごと輸送してしまう方法）が一般的に採用されており、アメリカではダブルスタックトレイン（コンテナを2段式にして輸送する方法）が採用されています。

道路を自由に使っていいのですか？
5-10

　道路は本来、人や自転車、車などが通行するために使用されるものですが、実際には交通の用以外にもライフラインとなる水道管、ガス管、電柱などやビルや商店の看板、アーケードなどの施設が道路上やその上空だけでなく地下にも設けられています。このように、本来の目的以外に道路空間に一定の施設を設け、継続的に使用することを道路の占用といいます。

　道路の占用物は、道路本来の目的を損なうおそれがあるため、どんなものでも道路を占用できるわけではありません。道路の交通、特に歩行者の通行を妨げるような物や、特定者の営利目的のための占用は認められていません。たとえば、自動販売機や置き看板、商品陳列のための棚などは道路占用することはできません。

　占用できる物件については道路法に規定されており、その代表的なものとしては、電柱・電線・公衆電話などの工作物、水道管・下水道管・ガス管などの物件、鉄道・軌道・地下街などの施設などがあります。

　道路上に建築物を建てる場合も同様で、道路の上下空間に自由に建物を構築することは原則として禁止されています。しかし、道路トンネルの上空にある土地や高架道路の下側の空間などは、道路管理者から道路占用の許可を受けて道路区域の一部を使用することにより建築が認められてきました。

　ところが、近年特に過密な土地利用が行われている都市部で道路建設を行う場合、土地の買収や地権者への補償に膨大な費用が発生し、また地域コミュニティーの分断やまちづくり計画の面からも大きな課題となってきました。そのため、都市内の限られた空間を有効的に利用することを目的

として、道路事業者と地域が一体となって道路空間を利用する「立体道路制度」が創設されました。
　この制度では道路区域が立体的な範囲に限定されるため、道路事業者と地域が一体となって空間利用を図ることができ、道路の上下空間は道路占用許可を受けることなく建築物を建築することができるようになりました。
　本来の道路の目的を損なわないため、さまざまな制約が目立つ制度ですが、例外もあります。その1つがオープンカフェです。オープンカフェは、公共空間を利用しており特定者が営利目的で利用する行為ですが、自治体が積極的に関与するなど公益性を損なわない範囲で、道路占用許可の対象として取り扱われるようになりました。街のにぎわいや景観の創出に寄与することが理由のようです。

5-11 高齢者や体の不自由な人のためにどんな工夫をしているのですか？

　日本では、全人口の平均年齢が昭和55（1980）年の約34歳から平成20（2008）年には約44歳となるなど、急速に高齢化が進んでいます。2055年には、2.5人に1人が65歳以上、4人に1人が75歳以上になるといわれています。また、障害者も増加しており、平成17（2005）年で約740万人となっています（身体障害者、知的障害者、精神障害者の合計）。
　このような状況のなか、道づくりにあたっても高齢者・障害者が使いやすい道路となるようにさまざまな工夫が行われています。
　たとえば、歩行者がよく通る市街地などでは、歩道の幅をこれまでの2mから3mに変更してつくるようにしています。これは、車椅子がすれ違うことができ、歩行者も同時に通行できる幅です。
　また、高齢者・障害者にとって歩道と車道との段差は大きな問題です。わずかな段差であっても、車椅子は自力で越えることはできません。これらの段差を取り除いたり、スロープにしたりする改良が行われるようになってきました。このような高齢者や障害者の障壁をなくすことを「バリアフリー」（障壁を取り除く）と呼んでいます。盲人用誘導ブロックもその工夫のひとつです。このブロックは原則として黄色です。わずかに視力がある弱視者の人たちがよく見えるようなカラーにしているのです。最近では、道路の横断歩道橋にエレベーターを設ける例もあります。
　さらに、バリアフリーだけでなく、「どこでも、だれでも、自由に、使いやすく」という「ユニバーサルデザイン」の考え方を取り入れた工夫もされています。
　先に述べた歩道と車道の段差は、車椅子にとっては障害ですが、視覚障

害者にとっては歩道と車道の境界を認識するための「ある程度の段差が必要」です。そのため、車椅子利用者にとっては通行しやすく、視覚障害者にとってはわかりやすい段差の形状が用いられるようになってきています。

　一方、高齢運転者による交通事故も年々増え続けています。高齢者でも安心して自動車を運転し、外出できる道路交通環境の整備が必要です。そのため、「ゆずりあい車線」の設置や道路照明の増設、道路標識の高輝度化など、ゆとりある道路構造、視環境の向上に向けた工夫も進められています。また、高齢運転者をサポートすることは、制度の面からも行われています。平成22（2010）年4月より、駐車施設が十分でない福祉施設や病院などの周辺道路に、高齢運転者専用の駐車区間を設けることができるようになりました。

5-12 自転車はどこを走ればよいのでしょうか？

　自転車は、法律（道路交通法）では荷車や馬車と同じ「軽車両」の1つで、軽車両は自動車と同じ車両の一種です。道路交通法上は、「車道通行の原則（道路交通法第17条第1項）」により、車道と歩道の区別があるところでは車道を通行するのが原則で、車道の左側端を通行しなくてはなりません。ただし、普通自転車は道路標識など（自転車および歩行者専用の標識）で通行することが示されている場合には、次のルールのもと歩道を通行することができます。

● 自転車が歩道を通行する場合には、車道寄りの部分を徐行し、歩行者の通行を妨げる場合は、一時停止しなければなりません。
● 信号機がある交差点では、信号機に従わなければなりません。また、狭い道から広い道に出るときには、徐行しなければなりません。
● 道路を横断するときに、近くに自転車横断帯がある場合にはそこを通行しなければなりません。ただし、自転車横断帯がなく横断歩道がある場合には自転車を降り、押して渡らなければなりません。

　なお、普通自転車とは車体の大きさや構造（長さ190cm、幅60cmを超えないこと、歩行者に危害を及ぼすおそれがないことなど）が基準に適合する二輪または三輪の自転車とされています。

　近年、自転車が歩道を無秩序に通行している実態を踏まえ、平成20（2008）年6月に道路交通法の一部が改正され、普通自転車の歩道通行可能要件が明確になりました。普通自転車は、これまでの歩道通行可の標識がある場合のほか、普通自転車の運転者が児童、幼児、高齢者、身体障害者であるとき、または車道を通行することが危険であると認められるとき

には、歩道を通行することができるようになりました。また、普通自転車は歩道内で徐行しなければなりませんが、幅の広い歩道で白線やカラー舗装などで自転車の通行部分が指定されている「普通自転車通行指定部分」では、近くに歩行者がいないときには歩道の状況に応じた安全な速度と方法で通行ができるようになりました。逆に歩行者はこの部分をできるだけ避けて通行するように努めなければなりません。

　自転車は、生活に広く普及している交通手段であり、近年の環境対策、国民の健康増進などの観点から今後さらなる利用増加が見込まれています。しかし、自転車が関連する交通事故は増加傾向にあり、最近10年間で約4.6倍に増加しています。このようなことから、国、自治体、警察、地元住民が一体となり、自転車道や自転車レーン整備など、安全な自転車の通行空間を整備する取組みが進められています。秩序ある自転車利用を進めるためには、それとあわせて自転車利用者へのルール・マナーの周知活動が重要です。

5　道路を利用する、道をいかす

5-13 バスや路面電車を便利にするためにどんな工夫がされていますか？

　近年、バスや路面電車などの公共交通機関は、自動車利用からの転換により渋滞の緩和に貢献するばかりでなく、環境問題の改善にも効果が期待されています。また、少子高齢化社会が進む福祉の視点で見れば、モビリティーの確保の基本的な手段として見直されてきています。

　このような背景のなか、道路はバスなどの公共交通機関がうまく運行できるように道路の空間を提供し、いろいろな工夫をしています。

　その工夫の第一として、バスだけが走れる専用レーンやバスが優先して走れる優先レーンの設置があります。朝夕の渋滞が激しくなるにつれバスのスピードが低下し、時刻表どおりに運行できなくなったため、このような工夫を始めました。

　バス停についても道路は工夫をしています。バスベイは一般の車の通行を妨げないように、歩道を削ってバスの停車空間を設けたものです。ただし、この方法では待合わせ場所も狭くなるため、大阪市のように逆にバス停を車道側にはみ出させ、待合わせ空間にゆとりをもたせている所もあります。

　また、近年の情報通信技術の発達を応用した利便性向上のひとつがバスロケーションシステムで、バス停においてバスの到着を予告するランプが点灯し、主要な場所まで何分で行けるといった情報をバスの利用者が入手できるようになっています。

　一方、バスに似た公共交通機関として路面電車があります。路面電車は、車の増加に伴い市街地から徐々に姿を消す運命にありました。しかし、路面電車の公共性に目が向けられ、新しい整備や利用方法について見直し

が始まっています。その流れのなかで、最近この路面電車と都市高速鉄道の中間に位置するLRT（Light Rail Transit）と呼ばれる新しい電車の導入例が増えてきています。

　LRT型の路面電車は、排気ガスを出さず騒音や振動も少なく、また床が低いので段差がわずかで子供やお年寄り、車椅子の人でも楽に乗り降りができるといった工夫がされています。地下鉄よりずっと低い費用で建設でき、バスより多くの人を運ぶことができ、環境にやさしい日常的なモビリティー確保の主役のひとつとして期待されています。

　ドイツでは1965年に50万人以上の都市における路面電車の地下化が推奨されてLRT導入の始まりとなり、また、パリでは1992年に一般交通と分離されたLRTが復活し、ウィーンでは1995年から低床式の新型車両が導入されています。日本では富山ライトレールが開業しています。これは富山市の都市計画にも組み込まれるなど、日本におけるLRT第一号と呼べるものになっています。

5-14 ものを円滑に運ぶ工夫にはどんなものがあるのですか？

　ものを運ぶ企業では、ものを円滑に運ぶために物流施設の集約化により在庫をできるだけ減らしたり、大型トラックによる輸送を行ったりしています。
　一方で、ものを円滑に運ぶための大きなトラックが通行できる道路の整備やトラックが市街地を通らなくてもいいように環状道路の整備が進められています。また、市街地ではトラックの荷卸のための駐車スペースの整備なども進められています。

● 空港や港湾と高速道路の連絡をよくする

　空港や港湾では、船や飛行機で運ばれてきたものを円滑にトラックなどに積み替えて運び出す必要があります。そのためには、空港や港湾からできるだけ高速道路に入りやすいよう道路を整備しておく必要があります。
　また、これら道路の整備と同時に、ICタグなどのICT技術を利用した税関、出入国管理、検疫などの手続きの簡素化・迅速化を進めています。

● 国際規格コンテナに対応する

　ものを運ぶときに、規格の決められたコンテナに入れることで、トラックや船で運んだりするのはもちろん、港湾での積み卸しなどが大変効率的にできるようになります。このコンテナによるものの輸出入は年々増加の傾向にあり、コンテナのサイズも大型化しています。今後は、フル規格である長さ45 ft（13.7 m）や高さ9 ft 6 in（2.9 m）のISO規格海上コンテナを運べる道路ネットワーク整備が必要となります。

● 広域物流拠点を整備する

　高速道路は全国各地の物流を支える動脈となっています。しかし、高速

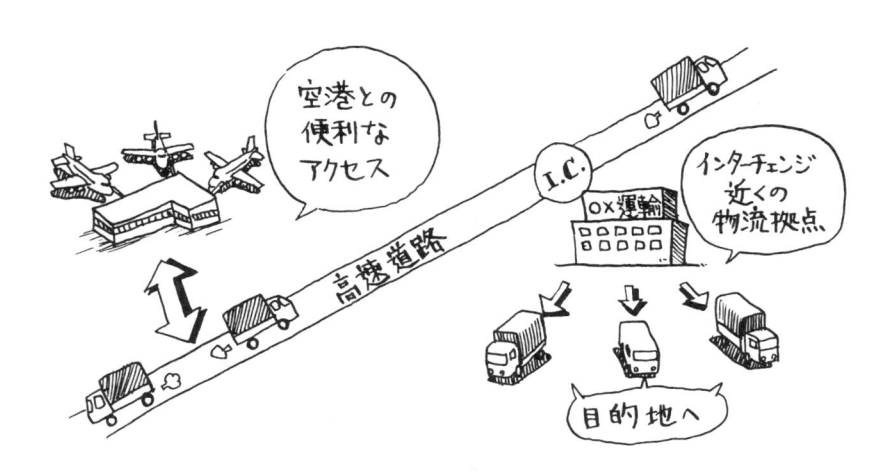

道路だけでは荷物を目的地まで届けることはできません。そこで、集荷した荷物を目的地別に整理しトラックに積み直したり、大型トラックで運ばれていた荷物を小型トラックに積み替えて配達の準備をする物流拠点が必要になります。特に、高速道路のインターチェンジの近くに物流拠点を整備することで、ものを効率よく広域に運ぶことができます。

● 荷捌き施設を整備する

貨物車が駐車してからものを持って届け先に移動するまでの荷捌きのスペースが十分になく、貨物車が路上で荷捌きを行っているのを見かけます。

最近では、荷捌き施設として路外の荷捌き施設や道路上のローディングベイ、貨物車用パーキングメーターなどの設置が進められています。

● 共同配送を行う

これまでは、複数の荷主の輸送の依頼に対し、トラック事業者はそれぞれの荷主の個別輸送を行っていました。これでは車両積載効率が非常に悪く、無駄に貨物車の台数を増加させていました。最近では、車両積載効率の向上や輸送コストの低減を行うため、荷主、トラック事業者の共同による積合わせ輸送方式に切替えが進んでいます。

5-15 道路の地下はどうなっているのですか？

　道路は、人の移動や物資の輸送に利用されるだけでなく、その地下は電気、上下水道、ガス、電気通信などの私たちの生活に欠くことのできない公益施設をはじめ、CATV（ケーブルテレビ）、地下街、地下鉄、駐車場などの多様な施設を収容する空間として利用されています。また、これらの諸施設をまとめて収容するため、たとえば電気と通信管などを収容するCCBOX（電線共同溝）、上下水道とガスなどを収容する共同溝などが設置されることもあります。

　特に、都市における道路空間は、景観や防災の面で重要な役割を果たしていることから、地下にこれらの施設の大部分が集中して設置されています。

　道路は、本来人や車の通行のためにつくられる公共の施設であり、そのための土地は買収により公共の所有地となり、民法では「土地所有権は法令の制限内においてその土地の上下に及ぶ」と定義されています。このことから、道路の地下空間を自由に利用することは認められていません。また、公共の土地であるので基本的に利益を追求する施設を設置したり、施設に対して私権を行使したりすることはできません。

　道路の地下空間を利用する場合、法律上「区分地上権」や「賃借権」などがありますが、基本的には特定の公益施設について道路の占用を道路管理者に申請し、許可を受けて施設を設置しているものがほとんどです。

　道路の地下には、私たちの生活を守り支えていくための多種多様な公共的施設が収容されており、道路管理者の許可により設置、補修、改修を行っています。

このため、道路利用者（人、車）からは道路の掘返し工事が絶え間なく行われ、交通渋滞を引き起こしていることがよく指摘されます。そこで、渋滞の原因となる頻繁な掘返しを防止するために共同溝や情報基盤の整備としてCCBOXなどの設置を進めています。また、防災施設として地下貯水槽や地下調整池などの整備も行われており、東京都ではゲリラ豪雨や台風による水害から都民を守るため、環状七号線の地下に貯留量54万 m^3、延長4.5kmの調節池トンネルが整備されています。

　このように、道路は人や自動車の交通だけでなく、私たちの生活に必要な施設基盤の設置空間としても重要な役割を果たしており、私たちの生活水準を維持していくためには、これら施設の改修や補修が必要であることの理解も必要です。

5-16 車両によって通れなくなる道路があるのはなぜですか？

　道路を走行する自動車は、もともと人やものを運ぶ手段として利用されていますが、その利用目的が多岐に渡るため道路にはさまざまな大きさや種類の自動車が通行しています。しかし、自動車が大きすぎたり重すぎたりするとトンネルや橋が損傷することとなり、道路を安全に走行することができなくなってしまいます。

　そのため、道路を走行できる車両の大きさや積載物に制限を設けて、道路を安全に利用できるようにしているのです。

　道路を走行する車両にどのような制限があるのか見てみましょう。

●車両の大きさや重さにかかわる制限

　道路を走行できる車両は、道路法第47条によって定められた「車両制限令」で次のように規定されています。

　幅：2.5m、高さ：3.8m、長さ：12m、重さ：20トン

　いずれも荷物を積んだ状態です。重さは、高速自動車国道および特に指定された道路では25トンまで、長さは高速自動車国道ではセミトレーラで16.5m、フルトレーラで18.0mまで許容されています。

　車両制限令は昭和36（1961）年に施行されましたが、車両の大型化に伴い平成16（2004）年に改訂されました。当然のことながら、平成16年以前にも道路は存在しており、すべての道路が現在の車両制限令の範囲内の車両が通行できる道路となってはいないというのが現状です。そのため、高さや長さの制限を設けたり、重量の制限を設けたりする必要があるのです。このような通行制限のある道路は、最新の規格に適合するように随時改良や補強が施されています。また、最近では国際規格コンテナに対応で

きるように、道路管理者が道路の構造の保全および交通の危険の防止上支障がないと認めて指定した道路では、高さの規定を 4.1 m としています。
● 車両の積載物にかかわる制限
　自動車の利用目的のひとつとして、ときには火薬や燃料などの危険物を運ぶことも重要な目的です。しかし、万が一危険物を積載した車両が事故や災害などにより爆発、炎上を起こした場合、長大トンネルや水底トンネルなどでは甚大な被害が生じることになります。そのため、道路法第46条に基づき、危険物を積載した車両通行の禁止や制限が設けられています。これまでに高速道路では全国17のトンネル（平成22（2010）年3月現在）が規制対象となっています。主なトンネルには次のようなものがあります。
● 東京湾アクアトンネル（東京湾アクアライン）
● 関越トンネル（関越自動車道）
● 山手トンネル（首都高速道路中央環状線）
　道路をいつも安全に利用するため、このような車両の走行規制を設けることは欠かすことはできません。ときには不便を感じることもあるかもしれませんが、このような通行規制を守ることも道路を利用する方々の重要な役割です。

5-17 開かずの踏切とはどんな道なのですか?

　踏切の前で次から次へと後続の列車が通過し、遮断機がなかなか開かずにイライラしたことがある人は多いと思います。

　開かずの踏切とは、ピーク1時間あたりの遮断時間が40分以上の踏切のことをいい、国土交通省が平成19（2007）年に実施した踏切実態総点検で全国に600箇所あることがわかりました。

　踏切は、開かずの踏切に代表されるように交通渋滞や踏切待ちによるイライラの原因となっているだけでなく、ときとして痛ましい踏切事故を引き起こします。踏切事故による死傷者数は年間約300名にも上っており、踏切問題は大きな社会問題となっています。

　踏切問題には、開かずの踏切だけでなく、歩道が狭かったり歩行者があふれて自動車や自転車と接触したり、大渋滞を引き起こすことなどがあり、緊急に対策が必要な踏切は平成19（2001）年で1960箇所あるとされています。

　これらの問題を解消するため、連続立体交差事業や単独立体交差事業などの抜本対策が行われています。しかしながらこのような抜本対策は、費用が膨大で完成までに時間がかかるため、踏切部の歩道拡幅、歩行者立体横断施設の設置などの速効対策も実施されています。

　連続立体交差事業：鉄道を高架化または地下化することで多数の踏切を除却し踏切の渋滞、事故を減少させるなど都市交通を円滑化するとともに鉄道により分断された市街地の一体化を促進する事業

　単独立体交差事業：道路を高架化または地下化することにより既存の踏切を除却する事業

また、「賢い踏切」、「駅構内通路の迂回路としての活用」、「待ち時間表示」などのソフト的な対策も取り組まれています。
　「賢い踏切」とは、「急行や特急と各駅停車との速度差に着目し、列車の種別に応じて踏切警報開始地点（列車がこの地点に到達すると踏切は警報を開始）を変えて、遮断時間を短縮する踏切」で、待ち時間を少なくすることができます。
　「駅構内通路の迂回路としての活用」は、切符を買わなくても駅構内に入って通路を迂回路として利用できるようにしたものです。通行に際しては、通行券の配布回収やICカードを活用した方法が試されています。
　「待ち時間表示」は、走っている列車の位置から踏切が遮断される時間帯を予測し、踏切で待ち時間を表示し、迂回の判断やイライラの解消につなげるものです。
　このような対策を進めていくには、整備費用の負担も問題となりますが、国、自治体、鉄道事業者、地域などがそれぞれの役割を果たし協力し合っていくことが大切です。

道の夢

　今も胸をうつ万葉人の歌に描かれた道、壮大な歴史の舞台となった道、市井の生活の場となった道、民衆を救済した道、新しい時代を開いてきた夢の道、夢の技術を実現した道。歴史を越えて、いつの時代にもあった道の夢とロマンをかいま見ることができるはなしの数々。最後に、それらのいくつかを紹介することで、私たちもこれからの新しい時代にふさわしい道の夢を考えてみようではありませんか。

6-1 道のロマンが詠まれた詩歌にはどんなものがあるのですか？

　道は、「遙か」「近い」「逢う」のように何か人の世の「出会い」「別れ」「想い」「憧れ」といった言葉への結びつきを感じさせる響きがあります。道をとおして詠まれた万葉人たちの歌のいくつかを万葉集などから紹介します。今もむかしも、人の想いには相通ずるものがあることがわかるでしょう。

●道をとおして詠まれている恋の歌二首

　穂積皇子に勅して近江の志賀の山寺に遣しし時、但馬皇女の作りませる御歌一首

　「おくれゐて　恋ひつつあらずは　追ひ及かむ　道の隈廻に　標結へ吾背」

　（あとに残って恋いこがれているよりは、いっそ追っていきましょう、道の角かどに目印を結んでおいてくださいね、わたしのあなた）

　「うち日さす宮道を　人は満ちゆけど　わが思う君は　ただ一人のみ」

　二首目は、現代文に訳すまでもなく、新しく開かれた広い都大路を往きかう人々の華やかなにぎわいと、その中のただ一人に思いを定めて、ひたむきな心を寄せる女性の一途さが伝ってきます。

　二首とも今に十分通じる感覚ではないでしょうか。

●万葉集から、道を通して詠まれている出会いの歌二首

　「紫は灰指すものぞ　海石榴市の八十の衢に　逢へる兒や誰」

　（紫の色を染めるにはつばきの灰を加えるものです。その海石榴市の幾筋もの路の辻で逢ったあなたは、名を何とおっしゃるのですか）

　「たらちねの母が呼ぶ名を申さめど　路ゆく人を　誰と知りてか」

（言えとおっしゃるなら、母が私を呼ぶその名前を打ち明けもいたしましょうが、ただ道いく人のあなたを、どなたと思ったらよいのでしょうか）

「海石榴市」は、古代の大和（やまと）の市（いち）として代表的な場所。現在の、奈良県桜井市金屋（かなや）の地にありました。

ここは、大和を東西に通る道、南北に通る道の交わる所であり、また山地と平野部の接する所であり、海石榴市観音があって市の立つ場所にふさわしかったようです。

「紫は灰指すものぞ」は、その海石榴市を出すための序で、紫草で染色するときには灰を媒染料として加えますが、それには椿（つばき）の灰が最適とされていることから、椿にちなんだ海石榴市をひき出す序となっています。「あの美しい紫を染めるには灰を加えるものです」というこの言葉が、それ以下の相聞の表現に微妙な働きかけをしています。

和歌特有の精妙な表現から、まち角で出会ったすてきな女性への想いが伝わってきませんか。

二首目はその想いを伝えられた女性の歌。「たらちねの母が呼ぶ名」といっているのは、母親だけが知っている大事な名前。それを告げよとおっしゃるならまず自分から名のりなさいと、女性らしく優（やさ）しく反駁（はんばく）して詠んでいます。まちの通りを舞台に、人の出会いが優美に詠まれていると思いませんか。

● 旅の楽しみや不安を詠んだ歌二首

「すずがねの早馬駅屋（はゆまうまや）のつつみ井の　水をたまへな　妹（いも）が直手（ただて）よ」

「すずがね」は駅鈴のひびきで「早馬」にかかる枕詞。街道筋の宿駅に飼われて、急ぎの公用に使われる馬が「早馬」、その駅舎が「駅屋」。「つつみ井」は川や泉などから用水を引いている場所。むかし、駅舎のそばに住んでいたと伝えられる伝説の女性、その女性にからんで詠まれたロマンチックな空想をさそう歌で、駅亭での宴会や街道を旅しながら、詠まれたようです。今も、駅鈴のひびきまでが感じられ、旅の心をふるいたたせてくれる歌です。

「足柄（あしがら）のみ坂恐（かしこ）み　くもり夜のわが下ばへを　言出（こちで）つるかも」

6　道の夢

（足柄峠の神の恐ろしさに、胸に秘めていたわが心の底の思いを、つい言葉に出してしまったことだ）

「足柄のみ坂」は足柄峠。峠は「手向け」の意であるといわれるように、こういう場所には道の神が寄りついていて、そこを通る者に秘蔵するものや思いを提供させたのです。後世、「袖もぎ様」とか「柴立て場」とかいわれている場所はそういう信仰の名残りで、道中の難所が多いようです。道の神に対する信仰と畏怖は古代社会に広く流布していたのです。

この歌は、たまたまそういう体験をしてしまった者の切実な告白の歌というのではなく、民謡として広く歌われたものです。こういう内容が共同の場で歌われれば、それは共有の知識となり体験となって、むしろ人の心を明るくさせる効果をもつようになったと考えられます。

● 万葉集の道づくりの歌
「信濃路は新の墾道　刈りばねに足踏ましなむ　沓はけわが背」
（信濃路は新しく開いた道です。刈り株に足を傷めましょうから沓をおはきなさい、わが夫よ）

大和でいえば、「伊勢路」は伊勢へ、「紀路」は紀伊へ通じている道で、その地へ通じている道をいいます。「信濃路」も信濃へ行く道で、信濃の国でもそう呼ばれていました。

信濃路は、大宝2（702）年から12年間の工事で開通したのですが、しばしば崩壊し、改修を必要としたようです。この歌は、信濃路改修のときの労働歌謡から出た民謡としての歌だと考えられています。

● 金葉集から、小式部内侍の歌
「大江山　いく野の道の遠ければ　まだふみも見ず　天の橋立」
（母のいる丹後へは、大江山やいく野を越えていかねばならず、その道は遠いので、私はまだ天の橋立も行ったことがありません。もちろん母からの手紙など見たこともありません）

小式部内侍の母は有名な才女、和泉式部です。だから、小式部内侍が良い歌を詠むのは、実は母がつくってやっているのだ、と噂されていました。ちょうど母の和泉式部が夫とともに丹後に行っているとき、都で歌合せが

ありました。そこで中納言定頼は、小式部内侍のいる部屋へやってきて、お母さんがいないと代作してもらえないから困っているでしょうという意味の冗談で、「歌はどうします。丹後へ人をやりましたか。心細いことですね」といいました。そのまま逃げ去ろうとする定頼を引き留め、小式部は即座にこの歌を詠みました。

　才気あふれる歌ですが、本来の面白さは歌の内容よりも、上のエピソードにあるようですね。「いく野」〜「行く」に、「ふみ（踏み）も見ず」〜「文も見ず」にかけています。道路が整備され、電話やインターネットの発達した今なら、どう詠めばいいのでしょうか。

6-2 道と深いかかわりのある歴史上の人物を教えてください。

古代ローマ帝国の隆盛は道の発達とともにあり、その滅亡により道はすたれました。

日本でも戦国の動乱期、道は戦場と化し、山賊・盗賊が横行し、道行く人は危険にさらされました。この時期、内外を問わず道路の暗黒時代ともいわれたりします。世の中が平和で安定してはじめて、道は人々の交流や生活の場として、人・もの・文化・情報の行き交う場として大きく発展してきたともいえます。

「ローマは一日にしてならず」「すべての道はローマに通ずる」の言葉からもわかるように、道は多くの先達の努力と苦心のうえに発達してきました。歴史の先達は、権力の安定や集中のため、民衆の救済のため、商業・経済の発展のためと、さまざまな目的で道づくりに取り組んできました。

みなさんの住まいの地域の歴史をひもとけば、そこに道づくりの先達の名前を見つけることができるでしょう。

ここでは、道と深いかかわりのあるわが国の歴史上の人物を何人か紹介することにします。

● 古　代

当時の「官道」は租税の徴収、国司の赴任、公務の旅行者とか罪人の護送、軍事上の必要性および僧侶のために設置された幹線道路で、一般庶民の生活道路は「伝路」と呼ばれ、区分されていました。

はなやかに天平文化が栄えた陰には、重い税に苦しむ農民や身分が低く貧しい人たちがおおぜいいました。橋が流された川では、渡れるのを待つ間に餓死する人も多かったそうです。

行基をはじめ空海や空也、普照など多くの僧が各地を旅して、このような人々に仏の教えを広め、またその生活の手助けをしました。
　なかでも行基（668〜749年）は、東大寺をはじめ畿内に49の寺院を建てて伝道の拠点とするとともに、各地で土木工事を起こし道を拓き、橋を架け、布施屋（旅人のための休憩・慰安施設）、池、港、墓所などを各所に営んで民衆の福利救済にあたりました。特に、道路や橋などは国家の交通体系に寄与する事業とは別に、地域民衆の利便のためを目的にしたものでした。
　また、『行基図』と呼ばれる最古の全国道路図は、民衆の旅に役立てられましたが、当時の幹線道路を知るうえでも重要なものです。

● 中　世
　古代の律令制下の交通は、奈良や京都を中心とした交通網でした。ところが、源頼朝は鎌倉に本拠を据え、京都と鎌倉を結ぶ東海道を重視し、その整備に取り組みました。頼朝は、東海道に駅を設け、駅伝飛脚で京〜鎌倉の間を7日、早馬で3日と定めました。また、鎌倉に地奉行を置き、道路の保全と取締まりが行われました。
　鎌倉に幕府が開かれると、鎌倉に向かう御家人たちをはじめとする人々

6　道の夢

の往来が多くなり、各地から鎌倉に至る道路が整備されていきました。鎌倉街道と呼ばれている道路がそれです。少なくとも「上道」「中道」「下道」3つの幹線道路があり、鎌倉古道と呼ばれる道や脇往還が多くあったようです。

　頼朝が整備した道がどれであったか、今となっては不明です。「上道」沿いの埼玉県日高市などで、深さ1～2mの掘割り状の道路遺構や急な坂道の敷石が見つかっており、当時の道路整備状況を想像させます。

　ただ、当時の国家財政は裕福ではなかったので、東海道以外の道路については、地方の民間の寄付金によって道路整備が行われました。その後、これがいき詰まると、関を設け通行料を取るようになったのです。関は、最初は道路整備のためでしたが、次第に幕府の許可を受けて、武士、寺社が経営するようになり、ついには公家も勝手に関を設けるようになりました。何回かの禁令にもかかわらず、極端な例としては桑名～日永間3里（12km）の間に60余りの関が設けられていたといいます。

　しかし、源氏から北条氏、足利氏と権力が移るにつれ、世が乱れるとともに道路も乱れ、海賊・山賊が横行するようになり、庶民の旅行は困難をきわめたのです。

　地方ごとに群雄が割拠した戦国の世には、全国的な道路網の整備の視点はなく、道路は自国の支配強化と軍事目的のために整備されたのです。なかでも、武田信玄の「棒道（ぼうみち）」は有名です。これは、上杉謙信との川中島の合戦などに将兵の通行や軍事物資の輸送のために使われた直線的な道路で、今もその一部が八ヶ岳南麓にあって当時の面影を残しています。

● 近　世

　鎌倉時代から室町時代の二百数十年間の道路の暗黒時代を救ったのが織田信長でした。信長は諸国の統一をほぼ終えた後、諸国支配の徹底と経済活動の発展を目指し、関を撤去しました。軍事上やむを得ない要害の地の関は残しましたが、それ以外の関は寺社に対して武力を行使してまでも徹底して廃止しました。また、4人の道奉行を置いて道路・橋の改良、修復を行い、交通制度の確立などにあたらせました。このほか諸道の幅員を東

海道3.5間（約6.4m）、その他の道路3間（約5.5m）として整備し始めました。地方を含めて道路についての幅員の規定としては最初のものです。さらに、一里塚を創設し駅伝制を復活したのも信長の功績です。

　豊臣秀吉は、信長の意志を継いで道路の整備を行いましたが、特に大軍を動かす軍事上の必要から、東海道、中山道、北陸道の整備に力を入れました。

　江戸時代になると中央集権体制が確立し、参勤交代の制度が行われたことから、道路は急速に発展しました。

　徳川家康は、奥羽、北陸道の改修を行い、東海道五十三次の宿駅を整備しました。日本橋を架設し、これを起点として一里塚を東海、北陸、東山道に設けました。五街道の幅を5間（約9m）とし、脇街道の幅を3間（約5.5m）、一里塚の大きさを5間四方としました。さらに、3代将軍徳川家光は武家諸法度により道路を整備すること、関は設けないことを全国の大名たちに指示しました。

6　道の夢

6-3 夢の道と呼ぶにふさわしいむかしの道のはなしをしてください。①古の人々の曙の道－わが国最古の道「山の辺の道」、巡礼の道「熊野古道」

「夜麻登波　久爾能麻本呂婆　多多那豆久　阿袁加岐　夜麻碁母礼流　夜麻登志宇流波斯」

倭建命は東国遠征の帰途、三重の能煩野で疲れ切った身体を休めながら、故郷をしのんで詠んだと古事記は伝えています。彼の頭の中を去来した大和の風景はきっと、御父大帯日子淤斯呂和気天皇の纒向の日代宮のあった、緑濃い大和の東山麓であったでしょう。

その美しい緑の中を、ほぼ南北に通じる幅1間ばかりの小径、これが日本最古の道「山ノ辺の道」と呼ばれるものです。

ごく自然の、人間がみずから足で踏み固めた原初の道の面影を残しながらも、大和の国の「曙の道」となったものです。

この道は今から2000年ほど前、まだ大和盆地の多くが湖沼に近い状態であった頃から存在したといわれ、標高にして70mくらいの谷口扇状地を結んでいます。そして、古代大和の政治、文化の根幹にあったことは、沿道に残る神社、仏閣、数々の遺跡によっても明らかです。次に、その代表的なものを紹介します。

- 神社：大神神社、桧原神社、石上神宮
- 仏閣：長岳寺、内山永久寺跡
- 宮跡：崇神天皇磯城瑞籬宮、垂仁天皇纒向珠城宮
- 陵墓：景行天皇山辺道上陵、手白香皇女墓

また、当時の経済、文化交流の場であった市も海柘榴市、丹波市などがあり、この道の意義を裏づけています。

落ち着いた集落、大小多数の古墳が、大和青垣山と呼ばれる山並みと田

園風景をバックに美しく調和し、今なお3世紀から7世紀の頃の大和を彷彿とさせるのに十分です。
　「山の辺の道」は、明日香、桜井のあたりから北へ、天理、奈良、木津を経て京都までも通じていたとされていますが、今、比較的明確な区間は、三輪山の麓金屋から天理の石上まで十数kmで、頑張れば一日で歩けます。当節は歴史観光のブームですから、若い女性のグループ、初老の夫婦連れなど、たくさんの人たちが歩いていますが、できればちょっとした足支度、地図、案内書、予習がほしいものです。
　物部影媛の悲恋物語、三輪山の伝説、歌垣の若い男女、遠征軍の苦難の旅、そんな古代の幻がきっとあなたをとりこにして放さないでしょう。
　なお、大和にはこの道のほかに、「葛城の道」「太子道」などの古道もあり、それぞれの風景、歴史、文化を整えてあなたを待っているはずです。
　聖地吉野からさらに南に位置する霊場「熊野三山」は、古くから神々の

6　道の夢

山の辺の道

住む聖地、死霊の集まる再生の地として崇められてきました。厳しい道を乗り越えて、大自然の中にある再生の地・熊野へ詣でることで、来世の幸せを神々に託すという信仰が生まれました。この熊野詣のための道は「熊野古道」と呼ばれています。

　熊野三山が成立した平安時代中期、法皇や上皇の御幸が始まると、その影響で街道や宿場が整備され、熊野詣がますます盛んになっていきました。その後、皇室から武士さらには庶民へと信仰が広がり、「蟻の熊野詣」といわれるほど多くの人が訪れるようになりました。

　江戸時代（17世紀前半）に入ると、熊野詣のための道が本格的に整備され始めました。紀州藩藩祖徳川頼宣は藩政の諸政策を進めるなかで街道の整備を重視し、政治的な交通路として和歌山から新宮までの「紀伊路」に伊勢までの「伊勢路」を加えて、熊野街道として整備しました。

　熊野古道は、「紀伊山地の霊場と参詣道」を構成する参詣道のひとつとし

熊野古道

て、平成16（2004）年7月7日に世界遺産に登録されました。三重県、奈良県、和歌山県にまたがる広範囲の「歴史的資産」を守りつつ、人々と自然のかかわりのなかで培われた「文化的景観」を楽しんで熊野三山を巡礼してみてはいかがでしょうか。

6-4 夢の道と呼ぶにふさわしいむかしの道のはなしをしてください。
②古の人々の曙の道－東西文化交流の大動脈「絹の道（シルクロード）」

　「シルクロード」とは、もともと洛陽、長安などの中国の都市とシリア、ローマなど西方の諸地域とを、中央アジア経由で結んだ東西交通路、多くのキャラバンルートの総称です。
　むかし、これらの交通路を使って運ばれた中国商品の中心が絹であったことからこの名称で呼ばれているのです。
　昨今のわが国では、この語の用法を拡大して中国、日本と西方諸国とを結ぶ陸上、海上のあらゆる交通路と、その沿線地域を指して用いることが多いようです。
　陸上の道は、何本かの幹線道路と無数の支路からなりますが、いずれも天山山脈、タクラマカン砂漠、パミール高原などの地域を通過して、西アジアあるいはインドのほうへ達していたようです。
　海上ルートは、南シナ海、インド洋、アラビア海などを利用しました。
　これらの幹線路は、「草原の道」「オアシスの道」「海の道」などとも呼ばれていますが、そのような道々を、あるいは羊の群を追う遊牧の人々が、あるいは隊商のラクダの列が、あるいは青海に美しい帆船が行き来する情景を想い浮かべるだけでも、道のロマンを強く感じますね。ほら、孫悟空たちもマルコポーロもそこにいるじゃないですか。
　こうして、絹の道は東西文化交流の大動脈として大きな役割を果たしてきたのです。
　このように、運ばれた商品が交通路の総称となっているものには、大むかしのヨーロッパの「琥珀の道」というのもあります。
　琥珀は、松、杉などの樹脂が地中で化石化したもので、黄色ないし褐色

で、その美しさと希少さのため古くから宝石として愛好されました。

また、日本には規模は小さいですが、若狭から京都に至る「鯖の道」が有名です。

鯖に塩をして人力で山を越え、京都に着く頃には鯖寿司にちょうどいい加減の塩のまわりであったといいます。

6　道の夢

6-5 夢の道と呼ぶにふさわしいむかしの道のはなしをしてください。
③夢とロマンの旅街道「東海道」

　江戸時代も今も、日本では最も交通量の多い重要な街道、「東海道」。江戸幕府が最も重視した街道。お江戸日本橋から、品川を通り箱根の山を越え、遠方に富士山を眺めつつ、京都三条大橋まで、宿駅は「五十三次」「海上七里」を含む約126里（505km）の道。さらに、京～大坂間を含めると58駅、137里（548km）となります。この道は、当時の2大主要都市を結ぶ政治的にもまた文化の交流のうえでも、重要な役割を果たしました。

　江戸時代の東海道を、医師で植物学者だったスウェーデン人ツュンベリーは、安永5（1776）年の『江戸参府随行記』のなかで次のように礼賛しています。

　「道路は広く、かつきわめて保存状態が良い。そして、この国では旅人は通常駕籠(かご)に乗るか徒歩なので、道路が車輪で傷つくことはない。その際、旅人や通行人は常に道の左側を行くという良くできた規則がつくられている。その結果、大小の旅の集団が出会っても、一方がもう一方をじゃますることなく互いにうまく通りすぎるのである。この規則は、ほかの身勝手な国々にとって大いに注目するに値する。なにせ、それらの国では地方のみならず都市の公道においても毎年、年齢、性別を問わず、特に老人や子供は軽率なる平和破壊者の乗物にひかれたり、ぶつけられてひっくり返り、身体に障害を負うのが珍しいことではないのだから。啓蒙された民族にとって、その品位を落とすようななげかわしい経験をしているのである」

　彼の目には、当時のヨーロッパの多くの国の道路より江戸時代の東海道のほうがはるかに安全で快適だと映ったようです。

　江戸幕府は、慶長17（1612）年に、3cmほどの厚さに砂利や小石を敷

き、砂を撒いて路面を固めることを指示し、江戸市内の道路については道路の中央を高くして横断勾配をつけることなども実施しています。街路樹や並木、一里塚などの整備も精力的に進めたのです。特に、東海道では朝廷や幕府の重職などの通行の際には沿道に白砂を敷き、数間ごとに盛り砂が置かれたという記録もあるくらいです。街道の道幅は、江戸のような市街地では7間から10間（約13～18m）ありましたが、市街地を離れると2間から3～4間程度（約3.5～7.5m）でした。

少し東海道から話題がそれますが、肥後の熊本藩において加藤清正が築造して、歴代藩主の参勤交代に利用された豊後街道のうち「熊本より大津までの五里」は、道幅が30間（約55m）もあり、両側には土手もあったようです。並木や石畳のなどの遺構が今も残っています。当時としては、全国最大規模の道幅だったと思われます。

このような道路整備の状況が、かのヨーロッパ人の目を見張らせたのでしょう。また、彼のいう大小の旅の集団とは、「大名行列」と庶民の連れを指しているのではないでしょうか。全国で大小合わせて約250藩の大名行列は、大きいところで加賀（石川県）の前田藩などでは2 000人前後、小さいところでも100人前後だったようです。長い行列は2kmにもなった

のです。これを庶民の旅人たちがよけて見送るか、一緒に歩くなどしている様子は『江戸名所図会』などにも描かれています。これによると、大きな街道では庶民が大名行列とすれ違っても、土下座まですることはなかったようです。

　大名行列のほかに、東海道を上り下りする旅行者は年間200万人くらいあったといわれています。日割りにすれば5000～6000人、等間隔に割り振れば約90mに1人の割合となります。しかし、歩くのは昼間だけで、真冬や真夏にも同じ人数が歩いたとは思えないので、陽気の良い旅行シーズンの昼間にあてはめてみると10m前後の間隔で旅行者が行き交っていた計算になるといいます。これに、大名行列を合わせると相当な人が東海道を切れ目なしに、まさにぞろぞろ歩いていたようです。その姿は整然として「じゃますることなく互いにうまく通りすぎていた」というのですから、とかく交通マナーの悪さを指摘される現代人も少し見習う必要があるのではないでしょうか。

　大名行列は、当時最も身分の高かった武士たち、いわゆる大名たちの参勤交代により宿場を繁栄させました。江戸幕府は、諸藩の統一と国家の安定を目的として、諸国の大名たちの妻子を人質として江戸に住まわせました。そして、自分の統治する国と幕府の置かれていた江戸とを、原則として一年交代で行き来することを義務づけたのです。この参勤交代の制度により、江戸へと続く五街道の宿駅（宿場）に繁栄がもたらされたのです。

　このような制度のもとで、江戸時代には大きな戦もなく、300年近くも安定した世が続いたのです。その結果、町人文化が発展し多くの庶民向けの書物が出版されました。それに伴い数多くの旅のガイドブックや、十返舎一九の『東海道中膝栗毛（とうかいどうちゅうひざくりげ）』のような旅をテーマとした読み物などが出版されました。

　これにより、人々の間に旅へのあこがれがふくらみ、やがて空前の旅行ブームとなったのです。もっとも、当時は幕府が目的のない旅を禁止していたため、今日のように自由気ままな旅とはいかなかったようですが、比較的規制の緩かった神社仏閣への参拝を名目とした旅が流行したようで

す。なかでも、東海道は伊勢神宮へと通じる街道であったため、伊勢神宮を参詣する「お伊勢参り」の流行によってほかの街道に比べてかなりのにぎわいをみせました。先の『膝栗毛』や『富嶽三十六景』『東海道名所図会』など東海道を舞台とした書物や絵画、詩歌などが当時数多くつくられ、現存していることからも、当時の東海道の繁栄ぶりが想像できるのではないでしょうか。

　現在、新幹線で3時間足らずで行ける東京〜大阪間ですが、昔の人は半月かけて歩いたようです。もっとも、宿場（宿駅）ごとにバトンタッチして走った「継飛脚」によれば、大井川の川止めにひっかからなければ、東京〜大坂間を65時間で走り抜けたといいます。つまり、早朝に出した速達が翌々日中には届けられたのですから、交通手段が発達していなかった当時にあって、東海道を利用した郵便システムはかなり進んでいたといえます。このような飛脚制度は、現在も「駅伝」としてスポーツの中に残っています。

6　道の夢

6-6 夢の道と呼ぶにふさわしいむかしの道のはなしをしてください。
④市井の人情あふれる「江戸のまちとみち」

　徳川家康が全国の大名を動員して行った「天下普請」によって開かれた華麗な江戸のまちを跡形もなく焼きつくしたのが「明暦大火」（明暦3 (1657) 年）です。当時の記録である『武蔵鐙』（寛文元 (1661) 年）によると、焼死者は10万人を越えたとありますから、その被害がどんなに大きなものだったかがわかります。この記録には、江戸中の橋が2つだけ残して全部焼け落ちたことや、「飛び火」のために逃げ場を失った人が多かったこと、避難所に急ぐ人々の群のなかに馬が暴走して突っ込んだ光景などが生々しく書きとめられています。この大火の原因は、別名「振袖火事」ともいわれ、怪談仕立ての因果物語として知られているのですが、実際は、反幕派浪人による組織的放火事件だったようです。

　明暦大火の前にも放火事件が相次ぎ、幕府は「町火消し」のような消防組織をつくったり、防火用井戸を道路の両側に設置するなどの対策をしていました。にもかかわらず、前述のような想像を絶する焼死者を出してしまったのは、江戸のまちの道路の幅が狭かったことが大きな原因とされています。そのため、幕府は大火の3カ月後に「触書集成」という法令を出して、道路（公道）の幅を広げることを中心とした復興のためのまちづくりを進めたのです。

　この法令では、主要道路の道幅を5間ないし6間（9.8〜11.8m）にすること、メインストリートである日本橋通町（現在の中央通り）の道幅を10間（18.2m）、本町通（現在も本町通りと呼んでおり、その東端は横山町大通り）を7間（13.8m）に広げることを公布しました。

　さらに、公道の両側の私有地から幅3尺（約90cm）の土地を供出させ

て、「犬走り」としました。この犬走りいっぱいに町屋の軒から庇を長く張り出させて、その下を通路にさせました。法令では、道路側に庇を支える柱をつけないように命じてもいます。この形は、現在全国の商店街に広く見られるアーケードの原形のようなものです。この庇の雨だれが落ちるところに幕府が管理する下水溝を設け、「すのこ」状のふたをするように指示したのです。このような道路を中心とした「町割り」が江戸の復興都市計画の特徴だったのですが、この法令のなかで下水が重視されている点について少し説明しておきます。

江戸のまちの中心部は地形的に海に面していたことと、その標高が３ｍ程度の場所に立地していた特徴がありました。ここは「日本橋台地」とか「江戸前島」と呼ばれた半島状の場所で、その範囲は現在の地名では、東側が中央区の日本橋・京橋・銀座地区、西側は千代田区大手町・丸ノ内・有楽町・内幸町の一帯、南側の先端は汐留駅構内の北部にあったようです。

井戸を掘っても飲料水の確保が困難な地形であったので、神田上水や玉川上水といった水道によって水不足を解決していました。この水道は「自然流下式」、いわば「たれながし」式であったため、下水によって海へ排水させなければ、まちはたちまち泥の海になってしまいます。そのため、メインストリートである「通り町筋」の決定にあたっては、「江戸前島」の背骨にあたるところをうまく選んで「町割り」が計画されました。「中央通り」が新橋〜京橋間、京橋〜日本橋間、日本橋〜筋違橋（現在の千代田区須田町）間で３つに折れて取り付けられた理由は、下水の排水のための勾配が取れるような場所を選んだための結果でした。この中心道路と直行する形で下水のネットワークを形成し、道路の位置も決められたのです。

なお、このような下水のネットワーク計画は、大阪市で今も保存されて

いる「太閤の背割り下水」の考え方の技術がお手本になっているようです。大坂の下水もわずかな勾配を利用して、上手に排水できるように工夫したものでした。

ところで、「まち」とは、公道を挟んでその両側に町人の「店（たな）」が「軒を連ねた」状態を意味し、この「まち」の集合が「近世都市」だったのです。ちなみに、公道の片側だけにしかまち並みができないまちは珍しく、「片町」と呼ばれ、今も地名として残っています。

江戸のまちの形は、道路に面して間口60間、40間、20間という大・中・小の規格で長方形に計画されました。江戸城を中心として放射状に伸びた道路を「通り」（＝タテ）、同心円状にめぐる道路を「筋」（＝ヨコ）と呼び、このタテ、ヨコの道路にどのまちも顔を出せるように配慮したようです。限られた公道の長さをどのようなまちの系列に配分するかが基本的な「都市計画」だったわけです。なお、メインストリートである「通り町筋」は矛盾した呼び名のようですが、本来は「筋」の道であったこの道は、日本橋～新橋間は京都に対するタテの道でもあり、タテとヨコの合体した特別な道だったのです。

こうした公道に面する寸法や向きのほかに、各まちの中心をなす道路は江戸の住民の最も身近な空間でした。「向こう三軒両隣り」といって、公道を中心として自分を含めた6軒のコミュニティーが都市生活の最も基礎的な単位であることをいい表しています。この「向こう三軒両隣り」の関係の中心的な施設としての道は、人とものと情報伝達の場として広場の役割も果たしたのです。その意味では、物理的・面積的な広がりでは比較できませんが、江戸中至る所が西欧都市の広場の概念に相当する機能をもつ場所だったともいえます。もっとも、このような下町人情の相互扶助の関係を、相互監視を完全にするためのものであったとする見方もありますが、その議論が道の果たした役割の大きさを否定するものではありません。

ここまで説明したのは江戸のまちや公道のごく一部の姿です。現在の不動産登記謄本に相当する当時の『沽券図（こけんず）』（今も「コケンにかかわる」と使ったりします）の中には、公道上の施設として防火用井戸、防火用水

向こう三軒両隣り

桶、庇、下水、木戸（まちの境に設けられ、夜間は閉じられて木戸番が置かれました）、自身番・番所（警察官や交番のようなもの）、火の見櫓、雪隠（公衆便所）、芥溜（ゴミ置き場）といった当時の公共施設の位置が示されています。各まちの『沽券図』を詳細に眺めると、上記以外にもバラエティーに富んだ道路の姿が浮き彫りになるのですが、個々の説明は紙面の都合で省略します。

　幕末から明治期に入り、これらの多くの施設は撤去され、同時に「向こう三軒両隣り」の関係も希薄になり、市民層の意識も変化しました。その是非はともかく、木戸や番所を取り払ったことで夜間に馬・人力車の暴走が横行するようにもなったそうです。道が汚れても放置するようになり、自発的に競って道路の清掃をしていた時代は変わってしまいました。

　以上のように、江戸のまちにおける道路は、交通路としての役割はもちろんですが、都市の町割り（骨格）を決め防災空間を確保し、下水機能をあわせもち、トイレやゴミ置き場などの生活機能も備え、さらには公道・私道の別なく、人の通路がそれぞれの階層のコミュニティーの中心に据えられ、都市の広場としても機能していたことがわかります。江戸の道は都市制度そのものであり、日常生活を支える都市基盤として大きな役割を果たしていたのです。

6　道の夢

6-7 夢の道と呼ぶにふさわしいむかしの道のはなしをしてください。
⑤恩讐の彼方に「青の洞門」

　菊池寛の『恩讐の彼方に』の荒筋は、次のようです。
「主人をもののはずみで殺害した市九郎は、己の非を悟り出家し、了海と称して諸国を修業、諸人救済のため雲水の旅に出た。あるとき、山国川にさしかかると、一人の無残な水死体がある。崖道の難所で、馬が狂って五丈の谷に落ちてしまったという。了海は、これを聞いて一念発起、この火山岩の崖道に隧道を掘ろうとする。ところが、毎日毎日、槌をおろすが、2～3片の砕片が散るのみで、みるみる歳月がたってしまったが、その苦労は実らない。あるとき、一人の青年が近づいた。殺めた主人中川三郎兵衛の一子、実之助である。27歳の彼にとって、目の前の了海はその青春を投げうってまで探し求めた、憎んでもあまりある親の仇である。市九郎の了海も覚悟はできていた。まさに、討たれようとしたとき、了海の仕事にやっと心服して協力していた村人や石工は、必死に実之助を説いた。仇討ちは隧道が完成してからでもよいと思った実之助も、一緒に槌をとるようになる。こうして、月日がたち、最初の槌が加えられてから21年目のある日、最後の一槌で光が差し込み、その向こうに山国川が見えた。実之助は、敵を討つなどというよりも、このか弱い人間の両の腕によってなし遂げられた偉業に対する驚異と感激とで胸がいっぱいであった。彼はいざり寄りながら、老僧とただ感激の涙にむせび合ったのである」
　己れの利を捨て、未来に身を託した人に誰も刃を向けることはできなかったのです。
　この了海は、禅海（1687〜1774年）がモデルになっています。越後の人で、諸国を遍歴したのち享保9（1724）年豊後湯布院の龍雲山興禅寺に

て得度した真如禅海です。中津付近を托鉢しているとき、当時、東城井村(今の大分県本耶馬渓町大字樋田)から青に至る「鎖渡」の難所を見て、独力でトンネルの掘削を開始しました。昼は托鉢・奉加を行い、夜間鑿を用いて集塊岩の岩質に挑む姿に、はじめそんなことができるのかと馬鹿にし相手にもしなかった村人も、やがてその成果と努力に感じ、協力するようになったといいます。禅海は、長州府中の石工岸野平右衛門をはじめ多くの石工を招致して、寛延3（1750）年8月、30年近い歳月を経てついにこれを貫通させたのです。この洞門は、高さ1丈（3m）、幅9尺（2.7m）、トンネル部144mを含む全長342m、騎馬のまま通行できる素掘りのトンネルで、中間に明かり取りの窓も設けられていました。

　もっとも、このような断面になったのは明和元（1764）年頃で、開通後は、通行人から1人につき、4文、牛馬から8文を徴収し、この資金でだんだんトンネルを拡大していったといわれています。

　この洞門は「青の洞門」または「樋田の刳貫」と呼ばれています。洞門の中央に平右衛門が彫刻した地蔵菩薩があり、禅海の像ともいわれています。もともと道路上にあったのを昭和56（1981）年に、トンネル内に移設したものです。

6　道の夢

6-8 夢の道と呼ぶにふさわしい近代や現代の道のはなしをしてください。①滑走路と間違われた道路づくり「御堂筋」

　「御堂筋」は、大阪市を南北に貫く全長4.4kmの幹線道路で大阪のキタ（梅田）とミナミ（難波）を結び、両側には商社や銀行などが建ち並ぶ大阪のメインストリートです。この御堂筋も最初からこれほど広い道路ではありませんでした。みなさんがよくご存じの現在の御堂筋ができあがったのは昭和12（1937）年のことです。それでは、この御堂筋はどのような経緯でつくられたのでしょうか。

　御堂筋の名称は、その道路沿いに西本願寺津村別院（北御堂）、東本願寺難波別院（南御堂）があることに由来します。

　江戸時代の御堂筋はこの両御堂の前だけでした。当時は、大阪城へ通じる道幅8mの東西の「通」がメインストリートで、御堂筋のような南北の「筋」は、道幅3間（約6m）と「通」に比べ2mほど狭く、どちらかといえば生活道路として機能していました。

　ところが、明治を経て大正にはいると市域の拡張や人口集中の激化が起こりました。大正14（1925）年の第二次市域拡張により大阪市の総人口は210万、東京を上回る日本一の大都市となったのです。この急激な人口増加および周辺地域からの労働者の集中により、御堂筋より以前につくられた「堺筋」の交通量が増加して行き詰まっていたこともあって、新たな道路をつくる必要が生まれました。

　また、明治42（1909）年と同45（1912）年の北と南の大火で、市内に空き地をつくることが課題となり、主要道路の軒切りが始まっていましたが、大正12（1923）年の関東大震災の発生で、延焼防止策としての道路の必要性がさらに高まってきました。

これら種々の問題を解決するために、第7代大阪市長の関一により、当時鉄道の駅があった梅田と難波を結ぶ御堂筋の整備を中心とする第一次都市計画が施行されたのです。
　この第一次都市計画による新しい御堂筋は、梅田から難波まで従来の道幅を約8倍の24間（約43 m）に拡幅し、橋のないところには橋を架けるといったものでした。
　なお、幕末の経済学者の一人である山片蟠桃は、「大坂を大火から救はんと欲せば、須く御堂筋に大広路を設け、これに築堤して樹木を植えならべておけば西部が焼けても東部をここで食ひ止めることができる」と、火災による延焼防止策から見た御堂筋の拡幅の必要性を、その著書である『夢の代』（享和2（1802）年）に書いています。
　また、この御堂筋拡幅と平行して公営では全国最初の地下鉄（梅田～心斎橋）が建設されました。これは、大阪市域の拡張により周辺部の都市化が進み、通勤手段として高速交通機関を整備する必要が生じたためでした。御堂筋に高速交通機関を設けるにあたり、高架案と地下案でずいぶん議論がありました。当初は、建設費が安い高架案に賛成が多かったのですが、関東大震災の教訓を踏まえて最終的に地下案になったのです。
　結局、御堂筋は梅田から難波まで地下鉄を走らせ、その上にふたをするようなかたちで幅員約43 mの道路を建設するという当時世界にも類を見ない壮大な計画となったのです。

第一次都市計画以前にも、大阪市内にはいくつかの大道路が建設されました。明治23（1890）年に幅8ｍの「新町通り」、明治36（1903）年に市電開通に伴う九条花園橋～築港間の幅18ｍの道路、さらには大正5（1916）年の幅23ｍの堺筋などでした。

　この堺筋を建設するにあたっては、住民からの反対がかなりありました。ある市会議員は、「市長は船場の真中に稲を植える気か」と市長に詰め寄り、また船場の住民は「せっかくのまちの中に、こんな大きな空き地をつくって夜などは女子供が怖がって歩くこともでけへん。辻々に交番所を建ててくれ」と申し入れたそうです。

　幅23ｍの堺筋を建設するのにでさえこの騒ぎでしたから、幅43ｍの御堂筋の場合はもっと激しいものでした。ある反対派の市会議員は、「市長は船場の真中に飛行場をつくる気か」、また御堂筋問屋の人たちは、「何ででかい道をつくるんか、飛行場でもつくるつもりか、向かいの店は霞がかかって見えへんやろ」と、それぞれ抗議したそうです。

　御堂筋の建設にあたっては、受益者負担という方法で資金調達が行われ、工事費の約1/3が受益者から徴収されました。この受益者負担というのは、「御堂筋が拡張されれば、その両側にビルが建ち並び、周辺の地価は高騰する。さらには、地下鉄も通り、交通の便からも利益が生じる。このような有形、無形の利益に対し、その受益者は相当の金額を払うべきであり、市当局はその金をもって工事費の一部にする」というものでした。これには当然、周辺住民の反発を招きました。

　このような反対意見が続出するなか、大正15（1926）年10月に梅田から着工し、昭和12（1937）年5月11日、実に着工から12年の歳月をかけて完成しました。

　新たにできあがった御堂筋は、中央に高速車道、その両側に緩速車道、さらにその外側に歩道が設けられ、両車道、歩道の区分には植樹帯が設けられていました。街路樹にはプラタナス（梅田～淀屋橋）とイチョウ（淀屋橋～難波）が採用されました。

　当時、街路樹といえばプラタナスが流行でしたが、「プラタナスは西欧

にもあるが、イチョウは東洋の特産だから外人にもめずらしがられるに違いない。国際都市をめざす大阪にはイチョウがふさわしい」といった意見などからイチョウが新たに採用されました。

　このイチョウは、埼玉県安行村で買いつけた苗木を、旭区の豊里農園（現、太子橋中公園）で仮植えし、大阪の土になじませたのち、昭和8（1933）年に植樹されました。

　なお、街路照明灯が大阪市内ではじめて設置されたのもこの御堂筋でした。

　また、御堂筋には以前から「大江橋」「淀屋橋」という2橋が架かっていたのですが、新たに長堀の「新橋」と道頓堀の「道頓堀橋」が架橋されました。また、大江橋、淀屋橋も再築されました。これにより、御堂筋に架かる橋は4つとなったのですが、昭和38（1963）年の長堀の埋立てにより新橋が姿を消し、現在は3橋となっています。

　この時期に3つの地下道、「順慶町地下道」「御津地下道」「難波新地地下道」がつくられました。これは、御堂筋が当時としては異常に幅広い道路であったことから、市民の横断の安全性を確保するために設置されたものでした。この工費の大半は地元住民の寄付によりまかなわれました。

　このようにして、現在私たちが目にする御堂筋ができあがったのです。

6-9 夢の道と呼ぶにふさわしい近代や現代の道のはなしをしてください。②海底をつないだ夢のトンネル「関門トンネル」

　海の底を歩いて渡れるトンネル。関門道路トンネルは、山口県の下関と福岡県の門司を結ぶ全長3461.4mの海底トンネルです。昭和33（1958）年3月に、世界最初の海底道路トンネルとして関門海峡に完成しました。また、トンネルの上半分が車道、下半分が人道として用いられ、海底を人が歩けるトンネルとしても世界で最初のものでした。

　関門トンネルが完成する以前、本州と九州を往来するのには船を利用しなくてはなりませんでした。しかし、年数回は関門海峡を通過する台風のために欠航を余儀なくされたり、関門海峡の潮の流れが急なため海難事故も頻発しました。ですから、九州と本州を道路で結ぶことは多くの人にとっての夢でした。

　関門トンネルは、昭和12（1937）年5月より調査工事が開始されました。調査工事では主に測量、トンネルの経済効果に関する調査、試掘立坑とそれを結ぶ試掘坑道による地質調査が行われました。

　この地質調査により門司側の陸上部、海底部はトンネル掘削に適した硬質の岩盤であることがわかりましたが、下関側の地質は複雑なものでした。

　陸上部は、少し掘れば天井が崩れてくる軟弱な地質が269mに及び、海底部には断層破砕帯があることがわかりました。断層破砕帯とは断層が集中している場所で、この部分には大きな力が働いているので岩はもみ砕かれて砂利や粘土となっています。当然、トンネル掘削には不向きな地盤です。

　困難が予想される工事でしたが、わが国はじめてのルーフシールド工法を採用することで、昭和14（1939）年1月には10カ年継続、1700万円

関門トンネル

人も歩ける海底トンネル！

門司　下関
全長 3461.4m

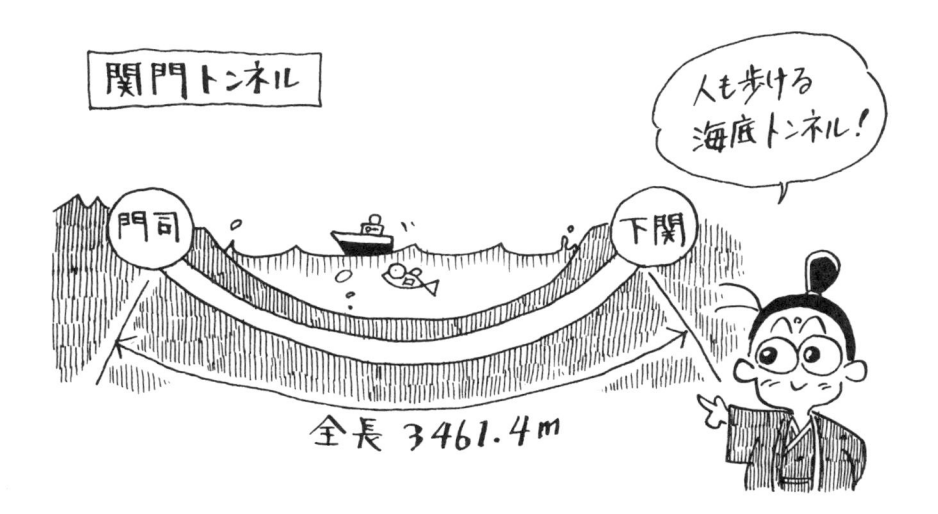

　の予算で本工事の承認がなされ、同年5月に盛大な起工式が行われ工事が始まりました。
　まず、下関・門司の両試掘立坑の下にポンプ室を設けました。海底の下を掘るトンネルでは湧き水の量が多くて、ポンプで始終汲み出さないとトンネルが水没してしまうからです。
　また、これと並行して試掘坑道にコンクリート巻立てを行いました。翌同15年には海底部の掘削準備として、試掘坑道から本トンネルに向かう5箇所の水平連絡坑を入れ、海底部780mの掘削を開始しました。しかし、時代は太平洋戦争の最中であり、賃金、物価の高騰が著しいうえに予算も減らされることとなりました。工事用資材も十分には確保できず、トンネル掘削には命ともいえる坑木の入手さえ絶たれました。
　そこで、立木を入手して直営で伐採、製材を行うなどあらゆる困難を乗り越えて工事を続け、昭和19（1944）年には全線の導坑の掘削が完了しました。翌20年になると戦局がますます不利となり、海上交通に支障をきたすようになりました。そこで、軍部が関門トンネルの工事に力を入れだし急速に工事が進められました。

昭和20（1945）年6月29日、7月2日の2回の空襲により、工事の地上施設の大半が焼失してしまいましたが、トンネルの命ともいえる立坑は作業員が必死の消火活動を行い、被害を最小限に抑えました。終戦後、賃金、物価が著しく高騰して、起工以来の支出額は1700万円を越す瀬戸際にまで達していました。そこで、翌昭和21年度からは単年度予算に切り替えられ、戦争によって受けた被害の復旧と、坑内の維持工事程度しかできない状態が昭和26（1951）年まで続きました。

　昭和27（1952）年度には新たに予算がつき工事の本格的な再開となり、翌同28年3月に、関門トンネルでの最難関部である断層破砕帯の掘削に取りかかりました。この部分ではまず、水とセメントを混ぜたセメントミルクを軟弱地盤に注入しました。これに用いられたセメントは243トンにもなりました。

　その後、トンネルを掘削して1組で1トンもある鋼製のアーチ支保工を1mおきに使用して土圧を支えました。こうした工法を繰り返して135mの断層破砕帯を14カ月かかって掘削しました。

　昭和29（1954）年2月24日、ついに門司と下関の間にあった1枚の岩がダイナマイトで爆破され、関門トンネルが貫通したのです。そして、昭和33（1958）年2月にはトンネル本体、取付け道路、料金所などの付属施設も含めてすべてが完成し、同年3月9日に人々の長年の夢であった関門トンネルの開通となりました。

　実に21年の歳月を要し、その間建設に従事した人は延べ450万人、総工費は58億円にも達しました。

　このような莫大な時間と費用と人とをかけた関門トンネルですが、開通後50年たった現在も、本州と九州とを結ぶ大動脈として多くの人々によって利用されています。もちろん、人道も毎日1000人程度が通行し、地元の人の生活道であるとともに観光名所にもなっています。

　ところで、平成9（1997）年にわが国で第2番目のシールド工法による海底道路トンネルが開通しました。それは、全長15.1kmの東京湾横断道路です。神奈川県の川崎と、千葉県の木更津を海底トンネル（9.5km）と

橋（4.4km）で結び、その境にはパーキングエリア（海ほたる）を設けた道路で、東京湾の軟弱土の下にトンネルを掘る難工事でした。
　関門トンネルで培われたシールド工法などのトンネル技術が受け継がれたことにより、この長大な海底トンネルの建設が可能となったのです。人々によって土木技術が、そして夢が受け継がれていくのです。

6-10 夢の道と呼ぶにふさわしい近代や現代の道のはなしをしてください。③日本で最初の高速道路「名神高速道路」

　昭和38（1963）年7月15日、わが国最初の長距離高速道路である名神高速道路の尼崎〜栗東間71.1 kmが、着工から6年の歳月を経て開通しました。当時の日本の道路は、「世界の工業国で、これほど完全に道路網を無視してきた国は日本のほかにはない」（ワトキンス調査団報告書）といわれるほど、惨たんたる道路状況でした。たとえば、一級国道の77％は舗装されておらず、半分以上はまったくの未改良であり、二級国道および都道府県道にいたっては90％以上が未舗装であり、75％以上がまったくの未改良でした。さらに、道路の不備により交通事故死亡率がアメリカの8倍もあり、昭和30（1955）年の交通事故死亡者は6 379名にも上っていました。つまり、車社会に適した道路はなかったといってよい時代でした。

　そのような時代に、4車線のアスファルト舗装道路を時速100 kmで走る、名神高速道路はまさに夢の道路であり、日本における本格的な「高速道路」の誕生でした。その建設の過程そのものが、血のにじむような研究と試行と実験の連続であり、現在日本全土に建設されている高速道路網のための貴重な実験でした。

　名神高速道路では「クロソイド」という渦巻きのようにだんだん曲がりが大きくなる平面曲線形を使いました。走ってみるとよくわかりますが、最初にできた尼崎〜栗東間ではまだ直線の区間が多いのですが、その後の東側の路線では直線はほとんどなく、すべて円とクロソイドでつながれています。これは、クロソイドを主要線形要素として使うという考え方が、名神高速道路の計画途上でドイツのアウトバーンの手法よりもたらされ、視覚的に走りやすく地形になじんだ無理のない線形を描くことができると

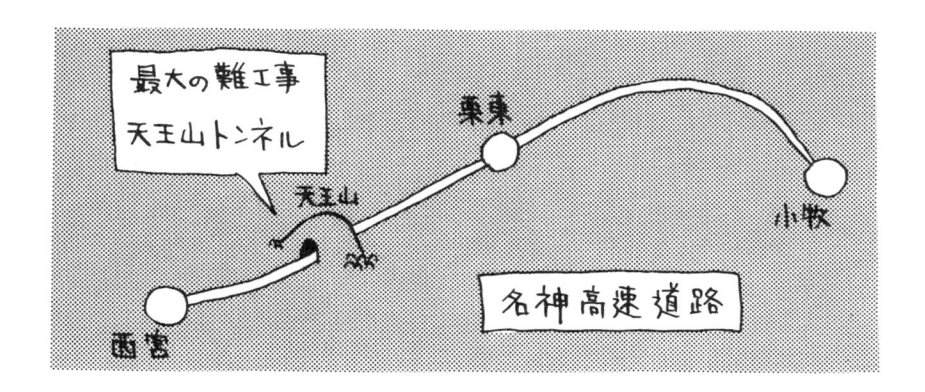

いう効果が得られたためで、それ以後わが国の道路設計の基本方針となりました。

また、高速道路のひとつの構造的な条件として車道横の路肩に故障車が駐車でき、車道はいつもクリアーな状態に置かれていることが挙げられます。ところが、当時は「駐車できるだけの幅が連続しているのだから、車の通行にも使えるのではないか」といった意見もあり、路肩幅についても真剣に議論されました。

高速道路の建設費を大きく左右する条件として路線の選定があり、路線選定の条件として設計速度が重要となります。当初、養老サービスエリア付近から彦根インターチェンジまでの設計速度を80km/hとし、ほかは100〜120km/hとして検討されましたが、天王山、逢坂山および八重谷越付近では建設費の増額となることから、80km/hに変更されました。天王山付近の路線は、当初はトンネルをつくらずに天王山の山裾を回る案でしたが、山裾を通る西国街道沿いの人家や工場を避けることがむずかしく、地質的にも地すべりの危険性があり、用地補償費や建設費を合わせると事業費に大差がなかったためにトンネル案となりました。

その天王山のトンネル工事は、名神高速道路において最もむずかしい工事となりました。実際に掘削してみると地質は最悪であり、道路トンネル

としては世界一地質が悪いという人もあったほどでした。ボーリングでは良質な岩であり、掘削は比較的簡単であろうと予想されていましたが実際は粘土状に風化していて、水や空気に触れるとたちまちもろく崩れ泥流となってしまったり、支保工に大きな土圧がかかったりして、難工事の原因となりました。

　昭和35（1960）年秋から掘削工事が始められましたが、大きな土圧のため支保工は飴のように曲がり、湧き水が雨のように坑内に降りました。せっかく掘った空間部がつぶれないように、鋼製支保工と太い松丸太をほとんど隙間なく建て込んで土圧を支え、やっとのことで天井のアーチコンクリートを施工するといった状況で工事は進められました。

　ところが、昭和36（1961）年の春に大変な事態となりました。それまでに西坑口の上の竹林の地表に亀裂が発生していましたが、これが原因となって山の重みが一時にトンネルにかかり、これまでに施工したコンクリート巻立てが押しつぶされそうになりました。さらに、先進していた導坑の松丸太支保工は至るところで折れたり土中にめり込んだりして、人が立って歩けないほどに縮んでしまいました。したがって、作戦は練り直され、新しい施工法が採用されることとなりました。

　まずは、既設のコンクリート巻立ての改修ですが、既設巻立ての外側地山との間を裏から少しずつ掘削して、外側巻立てコンクリートを施工し、次に内部に残ったクラックのあるコンクリートを除去し、新しい巻立てコンクリートを施工する方法がとられ、これは見事に成功しました。次に、前進作戦ですが、これには両側側壁導坑を先進してコンクリート巻立ては必要に応じ二重巻きにする新工法が考案されました。また、木製支保工はやめて鋼アーチ支保工としました。

　この新鋭工法は功を奏しましたが、工事は1日60cmくらいしか進まず、名神高速道路の開通は天王山トンネルの進行に左右される有様となりました。悪戦苦闘のあげく、天王山1400mの上下線2本のトンネル土木工事が完成したのは、着工から3年近くの歳月を経た昭和38（1963）年4月でした。

このような苦労の末、西宮から小牧までの全線191kmが、昭和40（1965）年7月1日に、総工費1194億円をかけ開通しました。今では、高速道路の一般常識として誰もが知っていることでも、当時のドライバーに理解してもらうのに時間を要することもありました。たとえば、高速道路上で駐停車やUターンを行ったり、なかには路上に駐車し足を投げ出して昼寝をしたり、路肩に停車してお弁当を広げて昼食をする人もいました。また、慣れない高速運転によるオーバーヒートやガソリン切れ、エンジントラブルといった故障車が多発しました。そこで、サービスエリアには自動車会社各社の修理基地が置かれてアフターケアが行われ、結果としてその後の日本の自動車性能の向上に大きく貢献しました。

　この道路近代化技術の先駆けとなった名神高速道路での体験を経て、わが国は本格的なモータリゼーション時代を迎えることとなりました。

6-11 夢の道と呼ぶにふさわしい近代や現代の道のはなしをしてください。
④夢の架橋「明石海峡大橋」

　本州四国連絡橋は、神戸〜鳴門ルート（神戸淡路鳴門自動車道）、児島〜坂出ルート（瀬戸中央自動車道）、尾道〜今治ルート（西瀬戸自動車道）の3ルートからなり、昭和63（1988）年4月にまず児島〜坂出ルートが開通、現在は3ルートすべてが完成しています。

　本州四国連絡橋プロジェクトには、明石海峡大橋をはじめ、日本最長の斜張橋である多々羅大橋、世界初の3連吊橋である来島海峡大橋など世界有数の橋梁が存在します。

　明石海峡大橋は、神戸市と淡路島の間に架かっている世界最長の吊橋です。吊橋の大きさは、橋桁を吊るすケーブルを支えて立つ2つの「主塔」の間隔で表し、これを「中央径間長」と呼んでいます。明石海峡大橋の中央径間長は1991mもあり、これまで最大だったイギリスのハンバー橋の1410mを大幅に上回っています。この世界一の径間長を実現することによって、今まで夢だった幅約4kmの明石海峡をまたいで本州と淡路島とを橋で結ぶことが可能になったのです。

　この橋が架かっている明石海峡は、潮の流れが速いことで有名で、最大水深は100m以上に達しています。また、むかしからの重要な航路でもあり、この橋ができるまでは淡路島と本州を結ぶ唯一の交通手段であった海峡連絡船が、大型船や漁船の行き交うなかをひんぱんに往復していました。しかし、台風などによる海の荒れは激しく、ときには大きな海難事故もあり、この海峡に橋を架けて四国と西日本の中心である阪神地方との間に安全で安定した道路を築くことは、周辺の住民にとって長年の願いであり夢でした。

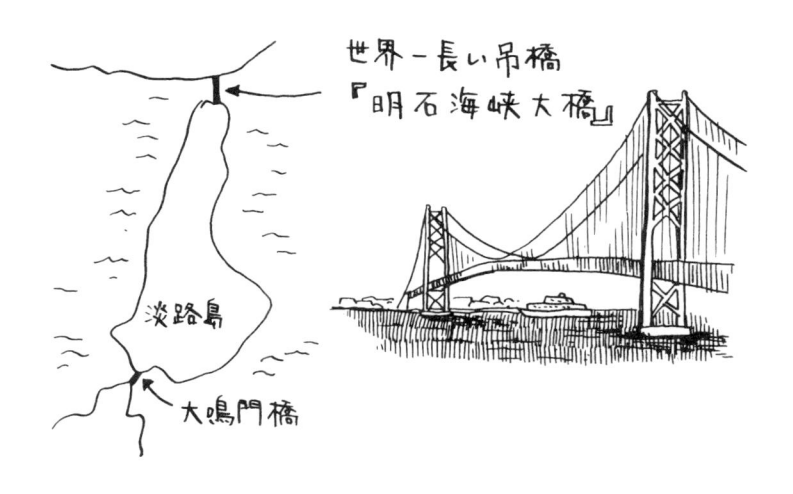

この壮大な夢の橋はいつ頃から考えられていたのでしょうか。古くは明治時代に、四国各県を自由に連絡する道路を建設し、「四国を一つ」にしようと命をかけた大久保諶之丞という人が、「塩飽の島々を橋台にして橋を架けて中国と四国を連絡すれば、常に風や波の心配なく、東西南北への移動に時間がかからない。国や民にとってこれ以上によいことはないだろう」と瀬戸大橋の夢を語った記録があります。先見の明をもったこの大久保の提唱をきっかけとして、大正時代には帝国議会に「鳴門架橋に関する建議案」が提出され、昭和に入ってからもたびたび橋やトンネルによる明石海峡連絡のための運動が行われました。しかし、それを実現する技術がまだなかった時代であり、いずれも夢物語に終わっていました。

　現在の橋につながる具体的な提案がはじめて行われたのは昭和32（1957）年のことです。提案者は、当時の原口忠次郎神戸市長でした。彼を中心として、この年には明石海峡大橋を架けるための海底調査が始められました。

その後、昭和45（1970）年に本州四国連絡橋公団が設けられ、昭和48（1973）年には児島〜坂出ルート、今治〜尾道ルート、明石〜鳴門ルートの3ルートに本州と四国を結ぶ橋を建設することが決まりました。
　以後、昭和61（1986）年4月26日の起工式から12年の歳月をかけて建設工事がすすめられ、平成10（1998）年4月5日に世界最大の橋として開通したのです。
　それでは、明石海峡大橋の構造と大きさについて見てみましょう。
　明石海峡大橋は、3径間連続補剛トラス吊橋という形式になっています。一般に、橋を構成する部材は「上部工」と「下部工」に分けられ、上部工は橋を通行する自動車などの荷重（「活荷重」といいます）を直接支える部分、下部工は上部工の重量と活荷重を地面で支える部分です。
　吊橋の場合、上部工には「吊材」「メインケーブル」「主塔」「補剛桁」があり、下部工には「主塔基礎」と「アンカレイジ（ケーブルをつなぎ止める橋台）」があります。3径間連続というのは、ひとつながりの上部工が4基の下部工によって3つの径間に分けられていることを表し、補剛トラスというのは補剛桁の形式を表しています。
　明石海峡大橋を形づくっているこれらの部材や構造物はどのくらいの大きさなのでしょうか。
　上部工は、中央径間長が1991m、その左右両側の径間長はともに960m、全体の橋長は3911mにもなり、いずれも断然世界一の大きさです。また、中央2本の主塔の高さは海面から297m、海中の主塔基礎の部分まで含めると353mにもなり、これも世界最大です。
　このように、長く高い上部工を支える下部工の主塔基礎やアンカレイジも、世界最大級の巨大な構造物です。2基の主塔基礎は直径約80m、高さ約70mの巨大な円柱で、橋の両側にあるアンカレイジの幅も約80m、高さは30m以上あります。それぞれ28階と13階のビルに相当する高さの巨大なコンクリートの塊で、使ったコンクリートはすべて合わせると東京ドーム1杯分にもなります。
　次に、これらの部材からなる吊橋の仕組みと、地震、風、海流などの厳

しい荷重や施工条件のなかで、世界最大の吊橋を建設するため最先端技術のもとに採用された構造を説明しましょう。
　吊橋では、活荷重など補剛桁に作用する荷重は、その剛性により分散され、吊材を通してメインケーブルに引張り力として伝えられます。
　メインケーブルは、吊橋の全長に張りわたされる最も重要な部材です。
　このメインケーブルを支えるのが主塔、主塔基礎とアンカレイジなどの下部工の役割です。
　主塔は、メインケーブルを最も高い位置で支えるもので、メインケーブルの引張り力は大きな下向きの力となって主塔に作用します。明石海峡大橋の超高層の主塔は鋼鉄製の柱で、工場で30段に分けて製作し、現場で組み立てられました。
　主塔基礎は、この主塔の付け根に作用する荷重を地盤に伝えて支える部分です。明石海峡大橋の主塔基礎に作用する荷重は約10万トンにも及びます。これを水深35〜45mの潮流が速く地盤があまり固くない海底で支持するための基礎は、設置ケーソン工法という方法を採用してつくりました。
　アンカレイジは吊橋に特有の構造物で、主ケーブルの大きな引張り力を巨大な自重で支えるものです。明石海峡大橋のアンカレイジは2本のメインケーブルから引っ張られる合計12万トンの力に抵抗しています。
　このように最新、最高の技術を結集した明石海峡大橋の工事中に、すぐそばの明石海峡付近を震源とするマグニチュード7.2の大地震が発生しました。阪神・淡路大震災を引き起こした兵庫県南部地震です。この地震によって2つの主塔の間隔は約1.1m広がり、左右に0.5mずれてしまいました。しかし、いずれも計算上は安全の範囲内におさまるものだったため、吊構造のみ約1m長くするだけでその後の作業が進められました。明石海峡大橋の中央支間長に1mの端数があるのはこのためです。
　大きな地震にも耐えて現在明石海峡にそびえるこの世界最大の吊橋は、最新の技術と関係してきた人々の努力の結晶であり、20世紀に人類が到達した成果のひとつとして日本が世界に誇る夢の架橋なのです。

6-12 夢の道と呼ぶにふさわしい近代や現代の道のはなしをしてください。⑤アジア地域を結ぶ「アジアハイウエイ構想」

　平成16（2004）年4月に上海で開催された国連アジア太平洋経済社会委員会（ESCAP＝本部バンコク）で、アジアハイウエイ構想の政府間協定が正式調印されました。

　アジアハイウエイ構想は、昭和34（1959）年に国連極東経済委員会でアジア諸国をハイウエイによって有機的に結び、国内および国際間の経済・文化の交流や友好親善を図り、アジア諸国全体における平和的発展の促進を目的として提唱され、取組みが始められました。

　当初は、西側諸国を中心に道路網が計画されていましたが、のちに社会主義諸国も参加し、平成15（2003）年には32カ国により55路線、約14万kmの「アジアハイウエイ道路網に関する政府間協定」が採択されました。

　平成17（2005）年に協定が発効したことを受け、アジア各国でその実現に向けた取組みが行われており、わが国も同構想に積極的に参加しています。

　アジアハイウエイ1号線は東京からトルコとブルガリアの国境までの計14カ国、約2万1000kmを結ぶ路線であり、日本におけるアジアハイウエイ1号線の路線は、日本国道路元標のある日本橋を起点とし、東名高速道路、名神高速道路、中国自動車道、山陽自動車道、関門自動車道、九州自動車道、福岡高速道路を経由して、釜山につながるフェリーに連絡しています。

　アジアハイウエイ構想の具体的な内容は、以下のとおりです。
● アジアハイウエイルートの道路番号の改訂

- ネットワークの法制化（多国間協定の制定）
- 国境通過の簡素化
- 各国での道路整備計画での位置づけ
- アジアハイウエイの標識の設置

　アジアハイウエイの整備については、新たに道路網をつくるのではなく、既存の道路にアジアハイウエイの共通標識（1号線なら「AH-1」など）を設けることで、すでに約9万km以上87号線までの路線が整備されています。日本でも、起点となる首都高速道路のC1都心環状線（外回り）にある「日本橋道路原標」ランドマーク標識と同一位置への設置が平成22（2010）年6月26日に行われたほか、東名高速、名神高速、中国自動車道など、各高速道路の接続ジャンクション部へ設置される予定です。

　皆さんが、これらの標識を見ながらアジア大陸を横断する日も近いかしれません。また、アジアハイウエイネットワークの多くが中国国内を通過しており、近年経済発展の著しい中国とのつながりがますます重要となっているといえるのではないでしょうか。

参考文献

1　道のおいたち

1) 石井一郎：土木の歴史、森北出版、1994
2) 児玉幸多：日本交通史、吉川弘文館、1992
3) 神崎宣武：道の発達とわたしたちのくらし①山の道、さ・え・ら書房、1989
4) 神崎宣武：道の発達とわたしたちのくらし②街道と旅、さ・え・ら書房、1989
5) 日本古典文学体系「日本書紀・上下」、岩波書店、1967
6) 武部健一：ものと人間の文化史 道Ⅰ、道Ⅱ、法政大学出版局、2003
7) 土木学会編：新体系土木工学別巻 日本土木史、技報堂出版、1994
8) 土木学会編：新体系土木工学別巻 土木資料百科、技報堂出版、1990
9) 上田正昭：探訪古代の道、法蔵館、1998
10) 野村和正：峠の道路史、山海堂、1994
11) 川口謙二・池田政弘：改訂新版元号辞典、東京美術、1989
12) 木下　良：事典日本古代の道と駅、吉川弘文館、2009
13) 辻本明人：舗装技術の変遷、北の交差点 Vol.5 SPRING-SUMMER、1999

2　道のいろいろ

1) 石井一郎・亀野辰三・武田光一：都市デザイン3次元・4次元のまちづくり、森北出版、1998
2) 佐藤　清：道との出会い「道を歩き、道を考える」、山海堂、1991
3) 川口謙二・池田政弘：改訂新版 元号辞典、東京美術、1989
4) 武部健一：道のはなしⅠ、技報堂出版、1994
5) 武部健一：道のはなしⅡ、技報堂出版、1994
6) 宗　弘容：大和の古道、図書出版木耳社、1973
7) 社団法人日本道路協会：第3版道路用語辞典、丸善、1997
8) 建設省近畿地方建設局ホームページ：近畿の歴史国道、1997
9) 新村　出：広辞苑第四版、岩波書店、1991
10) 道路整備促進期成同盟会：国道あれこれ相談室、1994
11) 土木学会編：新体系土木工学別巻　土木資料百科、技報堂出版、1990
12) 国土交通省道路局ホームページ、2010
13) 道路整備促進期成同盟会全国協議会：道路みんなの国道Q&A、2004
14) 社団法人日本道路協会：道路構造令の解説と運用、丸善、2008

15) 全国高速道路建設協議会ホームページ、2010
16) 総務省ホームページ：電子政府の総合窓口イーガブ、2010
17) シーニックバイウェイ支援センター：シーニックバイウェイ北海道"みち"からはじまる地域自立、ぎょうせい、2006
18) 全国道路利用者会議：道路統計年報2009年版、セキグチ、2009

3　道路をつくる、環境を考える

1) 社団法人日本道路協会：道路構造令の解説と運用、丸善、2004
2) 道路法令研究会：道路法解説、大成出版社、2007
3) 費用便益分析マニュアル：国土交通省道路局都市・地域整備局、2008
4) 改訂版　道路の移動等円滑化整備ガイドライン：財団法人国土技術研究センター、2008
5) 財団法人道路環境研究所：道路景観整備マニュアル（案）、大成出版社、1988
6) 土木学会：街路の景観設計、技報堂出版、1993
7) 社団法人日本道路協会：第3版道路用語辞典、丸善、1997
8) 国土交通省：建設白書、大蔵省印刷局、2010
9) 住友　彰・遠藤作次：道路設計の基本、地人書館、1992
10) 社団法人日本道路協会：自転車道等の設計基準解説、丸善、1978
11) 社団法人日本道路協会：道路構造令の解説と運用、丸善、2008
12) 全国道路利用者会議：道路統計年報2009年版、セキグチ、2009
13) 国土交通省道路局ホームページ、2010

4　道路を守る、環境を守る

1) 社団法人日本道路協会：道路維持修繕要綱、丸善、1979
2) 最新建設防災ハンドブック編集委員会：最新建設防災ハンドブック、建設産業調査会、1992
3) 道路法令研究会：道路法令総覧、ぎょうせい、1998
4) 道路法令研究会：道路法解説、大成出版社、1998
5) 社団法人日本道路協会：道路橋示方書・同解説・V耐震設計編、丸善、1996
6) 最新道路ハンドブック編集委員会：最新道路ハンドブック、建設産業調査会、1992
7) 社団法人日本道路協会：道路照明施設設置基準・同解説、丸善、1981
8) 交通工学研究会：道路の付属設備、技術書院、1986
9) 武部健一：道のはなしI、技報堂出版、1994
10) 武部健一：道のはなしII、技報堂出版、1994
11) 照明学会：照明データブック、1992

12）建設省道路局：新世代の道のすがたを求めて、道路広報センター、1995
13）環境庁：環境白書、大蔵省印刷局、1998
14）社団法人日本道路協会：道路トンネル技術基準（換気編）・同解説、丸善、1985
15）財団法人先端建設技術センター：技術による豊かな環境の創造、技報堂出版、1994
16）社団法人日本建設機械化協会：建設工事に伴う騒音振動対策ハンドブック、1987
17）日経 BP 社：日経コンストラクション、1997.12
18）徳山日出男・岩崎泰彦・加藤恒太郎：機能道路 2001、日本経済新聞社、1998
19）社団法人交通工学研究会：交通工学ハンドブック、2008
20）久保田尚：道路 2009.11 巻頭インタビュー、日本道路協会、2009
21）全国道路利用者会議：道路統計年報（2009 年版）、2009
22）国土交通省：国土交通白書、2009

5　道路を利用する、道をいかす

1）徳山日出男・岩崎泰彦・加藤恒太郎：機能道路 2001、日本経済新聞社、1998
2）国土交通省道路局：平成 22 年度『道路交通センサス』全国道路・街路交通情勢調査ホームページ
3）太田勝俊：交通計画集成 1　交通マネジメントの方策と展開、地球科学研究会、1996
4）太田勝俊：交通計画集成 3　公共交通の整備・利用促進の方策、地球科学研究会、1996
5）加納敏幸：交通天国シンガポールー最新交通システムと政策ー、山海堂、1997
6）大西　隆：都市交通のパークペクティブ、鹿島出版会、1994
7）斎間　亮：新交通システムをつくる、筑摩書房、1994
8）都市交通研究会：新しい都市交通システム、山海堂、1997
9）都市交通研究会：全国道路時刻表、道路整備促進期成同盟全国協議会、1997
10）財団法人道路交通情報通信システムセンター：VICS の挑戦ー道とクルマの対話が始まる、1996
11）国土交通省道路局 ITS ホームページ
12）ITS HANDBOOK 2007-2008　財団法人道路新産業開発機構
13）国土交通省：第 8 回全国貨物順流動調査　報告書、2007
14）グリーン物流パートナーシップ　ホームページ
15）上羽博人・松尾俊彦・澤喜司郎：交通と物流システム、成山堂書店、2008
16）SG ホールディングスグループ：CSR レポート、2010
17）日本貨物鉄道株式会社　ホームページ
18）国土交通省・警察庁：自転車利用環境整備ガイドブック、国土交通省・警察庁、2007
19）一般社団法人次世代自動車振興センター：ホームページ
20）経済産業省：EV・PHV 情報プラットフォーム　ホームページ
21）経済産業省・国土交通省：電気自動車・プラグインハイブリッド自動車のための充電設備設

置にあたってのガイドブック、経済産業省・国土交通省、2010
22）社団法人日本道路協会：道路用語辞典（第3版）、丸善、1997
23）社団法人交通工学研究会：道路交通技術必携2007、財団法人建設物価調査会、2007
24）財団法人日本道路交通情報センター　ホームページ
25）土木計画学研究委員会：モビリティ・マネジメントの手引、土木学会、2005
26）国土交通省：スマートインターチェンジ　ホームページ
27）建設省道路局都市局：立体道路制度の解説と運用、ぎょうせい、1990
28）国土交通省：平成22年度版　国土交通白書
29）内閣府：平成22年度版　高齢社会白書
30）内閣府：平成22年版　障害者白書
31）財団法人国土技術研究センター：改訂版　道路の移動等円滑化整備ガイドライン
32）国土交通省・警察庁：自転車利用環境整備ガイドブック、国土交通省・警察庁、2007
33）独立行政法人日本高速道路保有・債務返済機構：ホームページ（水底トンネル等における危険物積載車両の通行禁止又は制限について）、2009
34）国土交通省：踏切の現状と対策　ホームページ
35）国土交通省：駅構内通路を活用した「開かずの踏切」対策に関する実証実験について　記者発表資料、2008.1
36）国土交通省：踏切遮断時間表示システム実証実験の実施について　記者発表資料、2007.3

6　道の夢

1）白州正子：私の百人一首、新潮社、1976
2）鈴木理生：江戸のみちはアーケード、青蛙房、1997
3）石川英輔：雑学「大江戸庶民事情」講談社、1998
4）長尾義三：物語「日本の土木史」、鹿島出版会、1985
5）藤嶽彰英：御堂筋八景、難波別院、1981
6）米谷　修：思い起す御堂筋遺稿集、内外履物新聞社、1985
7）古川　薫：道の夢　関門海底国道トンネル、文藝春秋、1993.6
8）片平信貴：名神高速道路　日本のアウトバーン誕生の記録、ダイアモンド社、1965
9）日本道路公団名古屋管理局・大阪管理局：名神高速道路管理の20年、1984
10）日本道路公団静岡建設局：東名・名神高速道路全線開通から「第二東名・名神」着手へ、1994
11）古屋信明：世界最大橋に挑む、NTT出版、1995
12）島田喜十郎：夢は海峡を渡る　明石海峡大橋、鹿島出版会、1998
13）松村　博：日本百名橋、鹿島出版会、1998
14）山内洋隆：遙かなるアジアハイウエイ、JETROレポート、2004

☆監修　豊岡弘順　　岡村秀樹　　友永則雄　　岸　憲之

☆執筆
1　道のおいたち
　　清水隆史　　黒澤　保　　柳木功宏
2　道のいろいろ
　　藤尾保幸　　桂　謙吾　　安松弘樹　　大塚康司
3　道路をつくる、環境を考える
　　鈴木直人　　田中英明　　井上雅夫　　小糸秀幸　　小林　茂
　　美濃智広　　高橋富美　　竹林弘晃　　福富浩史　　眞鍋靖司
　　吉岡正樹　　大野政雄　　小嶋　勉　　塩見琢哉
4　道路を守る、環境を守る
　　江守昌弘　　鵤　貴之　　井上恵介　　大澤　剛　　大浦政春
　　土屋三智久　平田恵子　　宮坂好彦　　横山　憲　　劉　正凱
5　道路を利用する、道をいかす
　　戸本悟史　　柴山高徳　　石川清広　　嶋本宏征　　武野志之歩
　　金丸阿沙美　野見山尚志　大井孝通　　中西哲也　　薩川能成
　　山口大輔　　内田大輔　　加藤宣幸　　小澤俊博　　松岡利一
6　道の夢
　　今井敬一　　新屋昌宏　　寺奥　淳

☆編集　野村　貢　　森藤敏一　　吉田　勲　　岩崎順一

☆イラスト
　　前田嘉章

☆ CTi 株式会社 建設技術研究所

　　建設コンサルタント。社長　大島一哉。設立昭和38年。社員数1290人（平成23年4月1日現在）。本社東京都中央区。TEL：03-3668-0451
　　ホームページアドレス：http://www.ctie.co.jp
　　暮らしや産業を支える河川・ダム・道路・橋梁・トンネル・上下水道・ITなどを社会資本（インフラ）と呼びます。私たちが毎日の生活をより安全で豊かに暮らすために、このインフラの充実は欠かすことができません。
　　当社が属する建設コンサルタントは、このインフラの整備にあたり、国や地方自治体などから委託され、調査、計画、設計業務さらにはCM、PFIなどの事業執行マネジメント業務などを行う技術者集団です。

本書は1999年に山海堂より刊行された『道 なぜなぜおもしろ読本』を増補・改訂したものです。

新　道なぜなぜおもしろ読本　Printed in Japan

2011年5月31日　　初版第1刷発行
2011年6月20日　　初版第2刷発行

編著者　株式会社建設技術研究所　Ⓒ 2011
発行者　藤原　洋
発行所　株式会社ナノオプトニクス・エナジー出版局
　　　　〒162-0843 東京都新宿区市谷田町 2-7-15 ㈱近代科学社内
　　　　電話 03（5227）1058　FAX 03（5227）1059
　　　　e-mail nano-opt-pub@nano-opt.jp
発売所　株式会社近代科学社
　　　　〒162-0843 東京都新宿区市谷田町 2-7-15
　　　　電話 03（3260）6161　振替 00160-5-7625
　　　　http://www.kindaikagaku.co.jp
印　刷　株式会社教文堂

●本書に関するご意見・ご感想をナノオプトニクス・エナジー出版局にぜひお寄せください。
●造本には十分注意しておりますが、印刷、製本など製造上の不備がございましたら近代科学社までご連絡ください。

ISBN 978-4-7649-5520-2
定価はカバーに表示してあります。

図書案内

新 なぜなぜおもしろ読本シリーズ

基礎工学の素朴な事柄から先端的技術までのさまざまな話題を、見開きのQ&A方式にし、イラストと平易な文章によって解説する。工学系教科書の副読本として、また経験工学を盛り込んだ現場技術者のための実務・実学書として最適なシリーズ。

新 コンクリートなぜなぜおもしろ読本

監修　大野春雄
著者　植田紳治・矢島哲司・保坂誠治
A5判　220頁　定価：本体2,500円+税
ISBN 978-4-7649-5503-5　C3051

新 トンネルなぜなぜおもしろ読本

監修　大野春雄
著者　小笠原光雅・酒井邦登・森川誠司
A5判　228頁　定価：本体2,500円+税
ISBN 978-4-7649-5501-1　C3051

新 土なぜなぜおもしろ読本

編著　大野春雄
著者　姫野賢治・西澤辰男・竹内康
A5判　192頁　定価：本体2,500円+税
ISBN 978-4-7649-5509-7　C3051

新 上下水道なぜなぜおもしろ読本

監修　大野春雄
著者　長澤靖之・小楠健一・久保村覚衞
A5判　208頁　定価：本体2,500円+税
ISBN 978-4-7649-5508-0　C3051